“电子信息材料与器件国家级实验教学示范中心”系列规划教材

电子科学与技术专业实验教材系列丛书

电子材料制造技术实验教程

贾利军　韦　敏　赵晓辉　主编

科学出版社

北　京

内容简介

全书分上、下两篇，上篇为电子薄膜制备与测试分析，介绍真空技术、镀膜工艺、薄膜生长及其表征技术等基础知识，具体阐述了直流磁控溅射镀膜、真空热阻蒸发制膜、电子束蒸发制膜、射频磁控溅射制膜、薄膜的表征及分析等六个基础实验的内容，并设计了基于薄膜材料的热电偶制作与标定、类电容器结构薄膜器件制作和薄膜光电探测器制作等三个综合实验项目；下篇为电子陶瓷制备与测试分析，介绍粉料制备、成型、烧结与电子陶瓷材料结构表征等基础知识，详细阐述电子基板、介质移相器、热敏电阻、功率电感、微波器件等用电子陶瓷材料制备与测试六个综合实验项目的设计原理、实验方法与步骤、测试分析等内容。

本书可作为高等院校电子科学与技术、材料科学与工程等专业的实验教材或参考书，也可供相关专业研究人员参考。

图书在版编目(CIP)数据

电子材料制造技术实验教程 / 贾利军，韦敏，赵晓辉主编. — 北京：科学出版社，2019.6(2020.1 重印)

电子信息材料与器件国家级实验教学示范中心系列规划教材

ISBN 978-7-03-057650-7

Ⅰ. ①电… Ⅱ. ①贾…②韦…③赵… Ⅲ. ①电子材料-实验-高等学校-教材 Ⅳ. ①TN04-33

中国版本图书馆 CIP 数据核字（2018）第 121727 号

责任编辑：张 展 黄明冀 / 责任校对：彭 映

责任印制：罗 科 / 封面设计：墨创文化

科学出版社出版

北京东黄城根北街16号

邮政编码：100717

http://www.sciencep.com

四川煤田地质制图印刷厂印刷

科学出版社发行 各地新华书店经销

*

2019年6月第 一 版 开本：B5（720×1000）

2020年1月第二次印刷 印张：10.25

字数：210 000

定价：46.00 元

（如有印装质量问题，我社负责调换）

《电子科学与技术专业实验教材系列丛书》

编　委　会

前　言

电子材料与器件支撑着现代通信、计算机、网络技术、微机电系统、工业自动化和家电等高技术产业，是科技创新和国际竞争最为激烈的领域之一，该行业技术的快速发展对学生的科学素养、实践能力、创新能力和可持续发展能力均提出了高要求。针对电子科学与技术专业注重学生在相关技术领域实践技能培养的特点，在完成课堂知识传授的同时，抓好实践教学环节，促进学生知识和能力协同发展显得尤为重要。

《电子材料制造技术实验教程》是电子科技大学“电子信息材料与器件国家级实验教学示范中心”系列规划教材之一，是在多年来“薄膜物理与技术”“电子材料工艺原理”课程实验及综合设计实验课程教学改革的基础上编写而成的。课程涵盖了多个典型电子材料与器件的设计与制作实验，兼顾课堂理论教学内容的同时，注重学生实践技能的训练与拓展。在“固体电子学”“电子材料”“薄膜物理与技术”“电子材料工艺原理”“材料分析基础”等先修理论课程的教学基础上，结合一线教师科研成果的转化，开设电子材料工艺综合课程设计，加深学生对材料物理、制备工艺、结构与性能表征以及器件应用等内容的认识，将课堂理论与实践教学、科学研究密切结合起来，培养学生在电子材料制造技术方面的工程实践能力和自主研究创新能力。根据电子材料大类划分，本书分为上、下两篇，上篇为“电子薄膜制备与测试分析”，下篇为“电子陶瓷制备与测试分析”。其中每篇又由基础知识和实验两部分构成，实验涉及的知识点在基础知识中进行了必要的阐述。上、下两篇既独立成篇又互相联系，隶属于电子科学与技术相关专业的知识体系。

“电子薄膜制备与测试分析”中的实验设计，按照由浅入深的原则，在熟悉镀膜基本原理、测试表征方法的基础上，开展电容器、热电偶、光电探测器等器件制作综合性实验项目。所包括的具体实验内容如下：

(1) 直流磁控溅射镀膜实验；

(2) 真空热阻蒸发镀膜实验；

(3) 电子束蒸发镀膜实验；

(4) 射频磁控溅射镀膜实验；

(5) 薄膜的微结构及形貌分析实验；

(6) 薄膜厚度及电输运性能测试实验；

(7) 薄膜热电偶的制作与标定综合实验；

(8) 类电容器结构薄膜器件的制作实验；

(9) 薄膜光电探测器的制作与性能测试实验。

“电子陶瓷制备与测试分析”的实验设计，紧跟电子材料与器件制造技术的发展，围绕电子基板、介质移相器、热敏电阻、功率电感器、微波器件等基础器件应用，开展电子陶瓷材料的结构设计、制备工艺、测试表征等综合实验内容。本篇力图基于常见器件应用，通过典型材料的制备与测试分析呈现电子陶瓷的研制过程。由于学时有限，学生可根据自己的兴趣选择相应的实验项目。“电子陶瓷制备与测试分析”所包括的具体实验内容如下：

(1) 电子基板用 Al_2O_3 陶瓷材料的制备；

(2) 介质移相器用 BZT 陶瓷材料的制备；

(3) PTC 热敏电阻的制备；

(4) LTCC 微波陶瓷材料的制备；

(5) 片式功率电感器用抗直流偏置镍锌铁氧体材料的制备；

(6) LTCF 旋磁铁氧体材料的制备。

本书中的实验立足于让学生学习和掌握相关课程的基础知识、基本原理与实验方法的同时，进行电子材料与器件“基础物理→制备工艺→测试分析”系统化的训练和综合应用能力的培养。每个实验项目包括如下几部分：

(1) 实验目的。规定每个实验达成的特定目标，以及要求学生在实验中关注的要点。

(2) 实验原理。包括材料与相关器件设计的基本原理、实验方法、测试表征手段等。

(3) 实验设备与器材。

(4) 实验步骤。

(5) 样品测试与实验数据处理。明确实验需要完成的各项测试、数据处理和后期分析任务。

(6) 实验思考题。每个实验后面列出思考题，以考查学生对实验中的重点、难点内容的掌握。

本书可作为电子科学与技术、材料科学与工程等相关专业电子薄膜、电子陶瓷材料制备综合实验课程的教材或参考书，教师可根据具体教学内容和教学条件挑选合适的实验内容供相应专业的本科生或研究生使用，也可供相关行业的研究人员参考。

本书的前言由贾利军执笔。上篇的第 1 章由韦敏执笔，第 2 章实验 1、2、3、7 由赵晓辉执笔，实验 4、5、6、8、9 由韦敏执笔。下篇的第 3 章由贾利军执笔，第 4 章实验 1 由李波执笔，实验 2 由袁颖执笔，实验 3 由胡永达执笔，实验 4 由苏桦执笔，实验 5 和实验 6 由贾利军执笔。

特别感谢黄明冀编辑为本书出版所做的大量工作。

由于作者水平有限，书中不妥之处在所难免，恳请读者批评指正。

作者

2019 年 3 月

目　　录

上　篇　电子薄膜制备与测试分析

下 篇 电子陶瓷制备与测试分析

上 篇 电子薄膜制备与测试分析

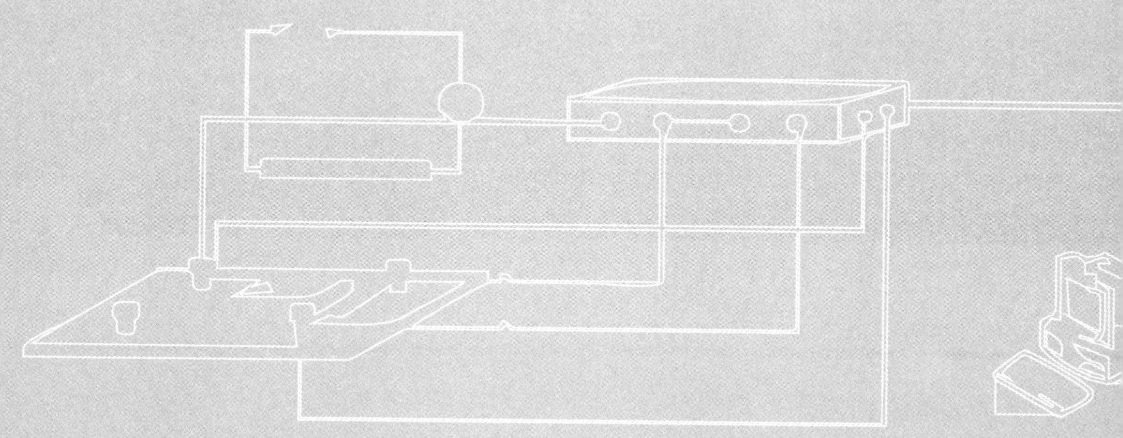

第 1 章　电子薄膜基础知识

1.1　电子薄膜制备简介

随着高新技术产业的发展，电子器件的小型化、集成化、低功耗化成为普遍的趋势，因此电子薄膜材料在材料领域中越来越受到重视，其中包括纳米薄膜、量子线、量子点等低维材料，从导电性最好的超导薄膜到绝缘电介质薄膜，从金属薄膜到无机化合物薄膜，甚至是有机高分子薄膜。随着技术的进步，各种电子功能材料的薄膜为探索材料在纳米尺度下的特性提供了物质基础。薄膜的制作和微细加工工艺也在不断创新，为制备高质量外延膜、获得良好的台阶覆盖度等目标提供了可靠保证。

电子薄膜的制备方法大致可分为气相沉积法和液相沉积法两大类，其中气相沉积法又可分为物理气相沉积和化学气相沉积，如图 1.1 所示。在这些方法中，液相沉积法虽具有低成本的优势，但在薄膜结构性能控制和可重复性方面还需要进一步提高。气相沉积法比较常见的有真空蒸发沉积、溅射沉积、分子束外延、脉冲激光沉积等。本章主要针对薄膜制备中的真空技术、几种常规制备方法(如真空蒸发沉积、溅射沉积等)、薄膜的生长机制以及薄膜材料的常用测试分析方法等方面做较为具体的介绍。

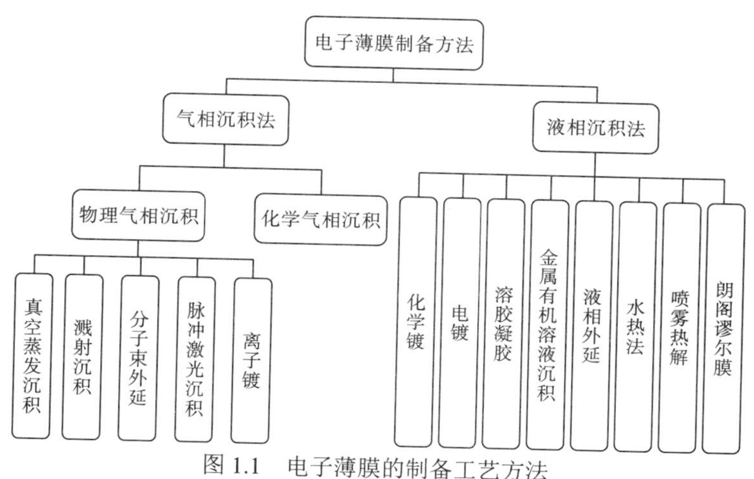

图 1.1　电子薄膜的制备工艺方法

电子薄膜的厚度通常在几纳米到几微米之间，常用于制备尺寸极小的电子器件，对制备的环境要求较高。即使是微米级的尘埃也会导致薄膜穿孔，使加工的电路达不到要求。因此一般电子薄膜的制备过程中都要求较高的环境洁净度和真空度，此外还需考虑原材料和所用试剂的纯度以及可能存在的工艺过程污染等。

1.2 真空技术基础

1.2.1 真空的定义

在给定空间内，气体压强低于一个标准大气压或当地大气压的气体状态，均称之为真空。平时我们所说的“真空”并不是指“什么物质也不存在”的状态，真空其实“不空”。目前，即使采用最先进的真空制备手段，在所能达到的最低压强状态下，每立方厘米仍有几百个气体分子。因此，平时我们所说的“真空”均指相对真空状态。在真空技术中，常用“真空度”这个习惯用语和“压强”这一物理量表示某一空间的真空程度，但是应当严格区别它们的物理意义。某空间的压强越低意味着真空度越高，反之，压强越高的空间真空度越低。

“毫米汞柱(mmHg)”是人类最早使用的压强单位。它是通过直接度量长度来获得真空度的大小，用“托(Torr)”表示毫米汞柱的压力。1 托就是指在标准状态下，1 毫米汞柱对单位面积上的压力。1971 年国际计量会议正式确定“帕斯卡(Pa)”作为气体压强的国际单位，$1Pa=1N/m^2$。1 标准大气压(atm)为 760mmHg。这些单位间的换算关系如表 1-1 所示。

表 1-1 几种压强单位的换算关系

单位	帕斯卡(Pa)	托(Torr)	毫巴(mbar)	标准大气压(atm)
Pa	1	7.5×10^{-3}	1×10^{-2}	9.87×10^{-6}
Torr	133.3	1	1.333	1.316×10^{-3}
mbar	100	0.75	1	9.87×10^{-4}
atm	1.013×10^{5}	760	1.013×10^{3}	1

为了研究真空和实际使用方便，常常根据各压强范围内不同的物理特点，把真空划分为以下几个区域：

粗真空：$1\times10^{5}\sim1\times10^{2}$ Pa

低真空：$1\times10^{2}\sim1\times10^{-1}$Pa

高真空：$1\times10^{-1}\sim1\times10^{-6}$Pa

超高真空：<1×10^{-6}Pa

各真空区域的气体分子运动性质各不相同。粗真空下，气态空间近似为大气状态，分子仍以热运动为主，分子之间碰撞十分频繁；低真空时，气体分子的流动逐渐从黏滞流状态向分子流状态过渡，此时主要存在气体分子之间和分子与器壁之间的碰撞次数差不多；当达到高真空时，气体分子的流动已为分子流，气体分子以与容器器壁之间的碰撞为主，分子间碰撞次数大大减少，所以在高真空下蒸发的材料，其粒子将沿直线飞行；在超高真空时，气体的分子数目更少，分子间几乎不发生碰撞，分子与器壁的碰撞几率也会更少。

1.2.2　真空的获得

真空环境的获得，常见的方法是利用真空泵将被抽容器中的气体抽出，从而使该空间的压强低于一个大气压。目前常用时获得真空的设备主要有旋片式机械泵、油扩散泵、涡轮分子泵、分子筛吸附泵、钛升华泵、溅射离子泵和低温泵等。其中前三种属于气体传输泵，即通过将气体不断吸入并排出真空泵从而达到排气的目的；后四种真空泵属于气体捕获泵，是利用各种吸气材料所特有的吸气作用，将被抽空间的气体吸除，以达到所需真空度。由于这些捕获泵工作时不使用油作为介质，故又称之为无油泵。表 1-2 列出了几种常用真空泵的工作压强范围和起动压强。在实际使用中，还可以将真空泵和别的装置组合起来，使用其所能扩展的极限压强区域，以获得更高的真空度。

表 1-2　常用真空泵的工作压强范围和启动压强

真空泵种类	工作压强范围/Pa	起动压强/Pa
旋片式机械泵	$1\times10^{5}\sim6.7\times10^{-2}$	1×10^{5}
油扩散泵	$1.3\times10^{-2}\sim1.3\times10^{-7}$	1.3×10
涡轮分子泵	$1.3\sim1.3\times10^{-5}$	1.3
分子筛吸附泵	$1\times10^{5}\sim1.3\times10^{-1}$	1×10^{5}
钛升华泵	$1.3\times10^{-2}\sim1.3\times10^{-9}$	1.3×10^{-2}
溅射离子泵	$1.3\times10^{-3}\sim1.3\times10^{-9}$	6.7×10^{-1}
低温泵	$1.3\sim1.3\times10^{-11}$	1.3×10^{-1}

从表中可以看出，如果从大气压开始，从粗真空到超高真空的压强变化有十几个数量级，仅使用一种真空泵是不能达到超高真空度的，即没有一种真空泵可以涵盖从大气压到 10^{-8}Pa 的工作范围。人们常常把 2～3 种真空泵组合起来构成复合真空系统以获得所需要的高真空。例如，有油真空系统中，油封机械泵(两级)-

油扩散泵组合装置可以获得 10^{-6}～10^{-8}Pa 的压强；无油真空系统中，吸附泵-溅射离子泵-钛升华泵装置可以获得 10^{-6}～10^{-9}Pa 的压强。有时也将有油和无油系统混用，如采用机械泵-复合分子泵装置可以获得超高真空。其中机械泵和吸附泵都是从一个大气压下开始工作，因此常将这类泵称为“前级泵”，而将那些只能从较低的气压抽到更低的压力下的真空泵称为“次级泵”。下面将重点介绍旋片式机械泵、涡轮分子泵、低温泵和油扩散泵的结构和工作原理。

1. 旋片式机械泵

凡是利用机械运动(转动或滑动)以获得真空的泵，称为机械泵。它是一种可以从大气压开始工作的典型真空泵，既可以单独使用，又可作为高真空泵或超高真空泵的前级泵。由于这种泵是用油来进行密封的，所以它属于有油型的真空泵。这类机械泵常见的有：旋片式、定片式和滑阀式(又称柱塞式)几种，其中以旋片式机械泵最为常见。

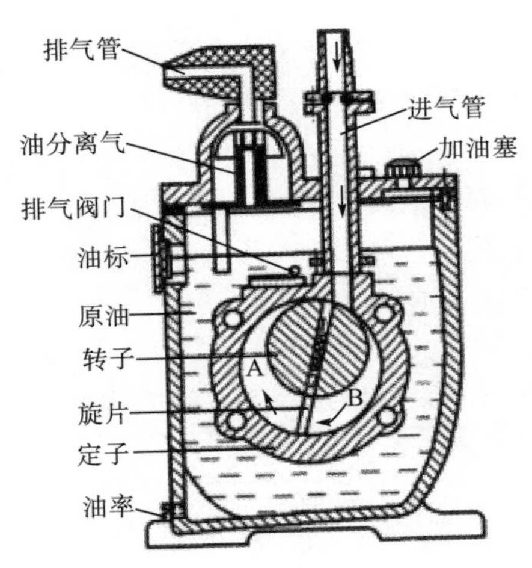

图 1.2　旋片式机械泵结构示意图

旋片式机械泵用油来保持各运动部件之间的密封，采用机械的办法，使该密封空间的容积周期性地增大(抽气)、缩小(排气)，从而达到连续抽气和排气的目的。泵体主要由定子、转子、旋片、进气管和排气管等组成。定子两端被密封形成一个密封的泵腔。泵腔内，装有偏心转子，它们相当于两个内切圆。沿转子的轴线开一个通槽，槽内装有两块旋片，旋片中间用弹簧相连，弹簧使转子旋转时旋片始终沿定子内壁滑动。

如图 1.2 所示，旋片把泵腔分成了 A、B 两部分，当旋片沿图中给出的方向进行旋转时，由于旋片后的空间压强小于进气管的压强，所以气体通过进气管。气体开始进入泵腔时，旋片式机械泵的工作原理如图 1.3 (a)所示；图 1.3 (b)表示吸气截止，此时，泵的吸气量达到最大值，气体开始压缩；当旋片继续运动到图 1.3(c)所示的位置时，压缩气体的压强高于 1atm，并推开排气阀门排出气体；继续运动，旋片重新回到图 1.2 所示的位置，排气结束，并重新开始下一个循环。单级旋片泵的极限真空可以达到 1Pa，而双级旋片泵的极限真空可以达到 10^{-2}Pa。

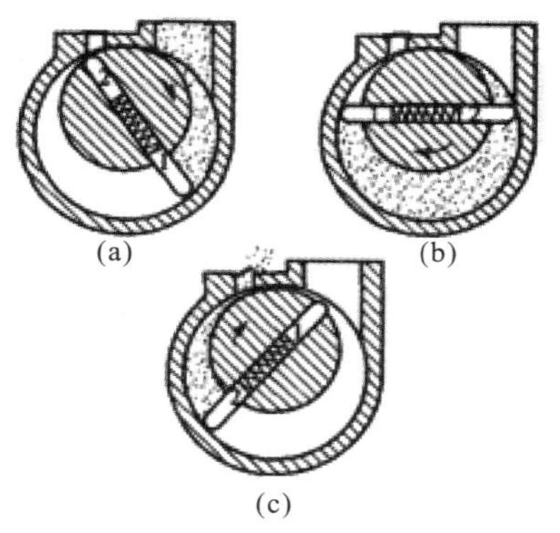

图 1.3　旋片式机械泵工作原理示意图

由于泵工作时，定子、转子全部浸在油中，在每一个吸气、排气周期中将会有少量的油进入到容器内部，因此要求机械泵油具有较低的饱和蒸气压及一定的润滑性、黏度和较高的稳定性。

2. 涡轮分子泵

涡轮分子泵也属于气体传输泵，其工作原理是依靠高速运动的物体把动能传递给入射物体表面的气体分子，造成泵出口、入口的气体分子正向、反向传输几率的差异而产生抽气作用以实现高真空。涡轮分子泵典型结构见图 1.4。叶片转动时的平均平移速度与空气分子的平均热运动速度可比拟，气体分子与叶轮相碰获得定向速度，而叶轮倾斜的角度保证分子由入口到出口的传输几率大于相反方向的传输几率。为了获得高真空，涡轮分子泵中装有多级叶片，转子叶片与定子叶片交互布置。涡轮分子泵的压缩比和气体分子量的平方根成正比，气体分子越轻，压缩比越小，导致分子泵的残气主要由氢气组成，而重的碳氢化合物是极少的。因此涡轮分子泵油蒸气污染较轻，通常也将其当作无油泵。涡轮分子泵的极限真空度可达 10^{-8}Pa，抽速可达 1000L/s。其最大抽速工作在 1～10^{-8}Pa 的真空度之间，因而需要以旋片式机械泵作为其前级泵。

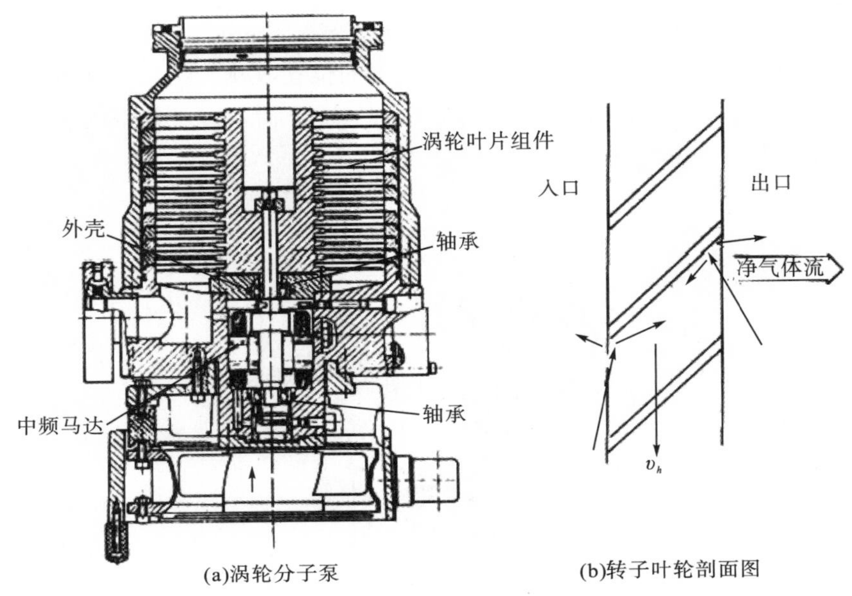

(a)涡轮分子泵 (b)转子叶轮剖面图

图 1.4 涡轮分子泵结构原理图

3. 低温泵

低温泵是利用 20K 以下的低温表面来凝聚(吸附)气体分子以实现真空的一种泵，是目前具有最高极限真空的真空泵。它主要用于大型真空系统，如高能物理实验、超导材料的制备、宇航空间模拟站等要求高清洁、无污染、大抽速、高真空和超高真空等场合。低温泵又称冷凝泵、深冷泵。按其工作原理又可分为低温吸附泵、低温冷凝泵和制冷机低温泵。前两种泵直接使用低温液体(液氮、液氦等)来进行冷却，成本较高，通常仅作为辅助抽气手段；制冷机低温泵是利用制冷机产生的深低温来进行抽气的泵。

低温泵作为捕获泵，能用来捕集各种气体，包括有害或易燃易爆气体，使其凝结在制冷板上，成为低温冷凝层以达到抽气的目的。但是，工作一段时间后，低温泵的低温排气能力会降低，此时必须将这些低温冷凝层清除。

4. 油扩散泵

油扩散泵常为多级结构，它的极限真空度为 10^{-5}Pa(三级泵)，扩散泵油选用分子量大、饱和蒸气压低、较黏稠的油。如图 1.5 所示，其工作方式是将泵油用规定功率的电炉加热至高温(约 200℃)蒸发状态，让油蒸气呈多级状向下定向高速喷出时不断撞击气体分子，并将部分动量传递给这些气体分子，使其被迫向排气口方向运动，在压缩作用下排出泵体，同时被泵冷却后的油蒸气又会凝结起来返回泵的底部。油扩散泵的主要影响因素是油蒸气压和气体分子的反扩散，泵内油蒸气的回流会直接造成真空系统的油污染，需加挡板和冷阱防止扩散泵系统油返流。因此，在油扩散泵的使用过程中要注意以下几点：扩散泵不能单独工作，一定要用机械泵做前级泵，并使系统抽到 10^{-1}Pa 级时才能启动油扩散泵；泵体要竖直，按定量加油；牢记要先通冷却水，后加热，结束时则应先停止加热，冷却一段时间后才能关闭机械泵。

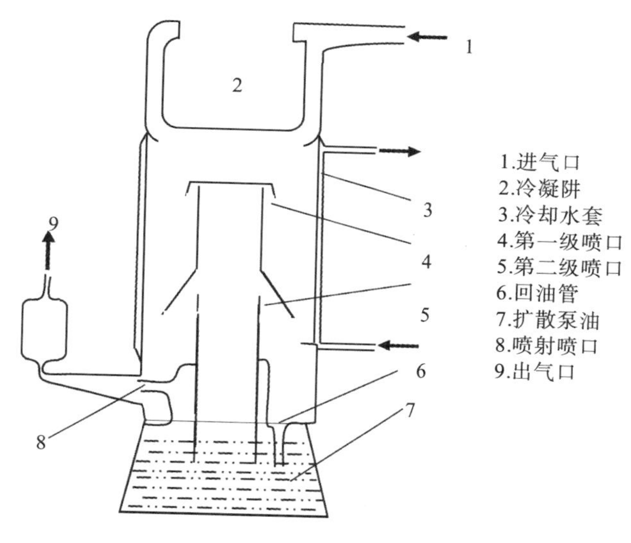

图 1.5　三级高真空油扩散泵结构图

1.2.3　真空的测量

真空测量是指用特定的仪器和装置，对某一特定空间内真空高低程度的测定。这种仪器或装置称为真空计(仪器、规管)。真空计的种类很多，通常按测量原理可分为绝对真空计和相对真空计。凡通过测定物理参数直接获得气体压强的真空计均为绝对真空计，例如 U 形压力计、压缩式真空计等，这类真空计所测量的物理参数与气体成分无关，测量比较准确。但是在气体压强很低的情况下，直接进行测量是极其困难的。而通过测量与压强有关的对真空计比较后得到压强值的真空计则称为相对真空计，如放电真空计、热传导真空计、电离真空计等，它的特点是测量的准确度略差，而且和气体的种类有关。在实际生产中，除真空校准外，大都使用相对真空计。常用的相对真空计有电阻真空计和电离真空计等。

电阻真空计又名皮拉尼规，它利用电热丝的电阻温度特性和温度随压强变化关系，将压强变换为电阻测量，再用电桥测出待测电阻，测量范围从 1atm～5×10^{-4}mbar。

电离真空计也称为电离规，利用低压下气体分子被荷能粒子碰撞电离，产生的离子流随气体压强变化的原理，可分为热规和冷规两种。一般冷规的电离电子源是交叉电磁场中循环的空间电荷，不需要加热。热规的结构如图 1.6 所示，热阴极发射的电子在栅极被加速，荷能电子与气相中的气体分子发生碰撞使气体分子产生电离，离子被相对于阴极和栅极为负偏压的收集极接收，收集极接收的离子流 I_c 与气体压力 P 成正比，测量离子流就可以间接知道真空度。

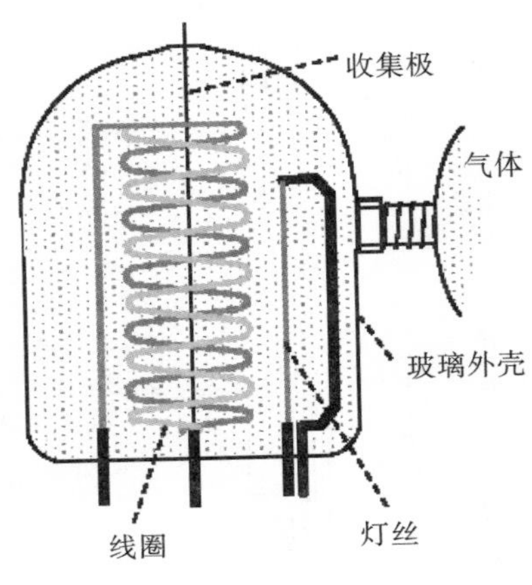

图 1.6　热规结构图

一般电离真空计测量范围为 10^{-1}～10^{-5}Pa，只有系统真空度到达 10^{-1}Pa 以后才能启动电离规。同时电离真空计在使用中要对电极除气，方法为对栅极、阴极通电加热，红热的栅极和阴极烘烤收集极使它除气，每次除气要持续 5～10min，注意，初期要在真空度达 10^{-2}Pa 以上才能进行。真空系统其他部分一般也用烘烤办法除气。为了使用方便，常把热偶真空计和电离真空计组合成复合真空计。

1.3　溅射镀膜工艺

溅射沉积镀膜是物理气相沉积(Physical Vapor Deposition，PVD)镀膜的一大类方法。该方法首先利用带电离子在电场中加速后具有一定动能的特点，将离子引向被溅射物质(靶)。在离子能量合适的情况下，入射离子在与靶表面原子的碰撞过程中将后者溅射出来；这些被溅射出来的原子带有一定的动能，并且会沿着一定的方向射向衬底，从而实现薄膜的沉积。

溅射可用来达到多种目的，如表面的清洁(轰击脱附)、IC 电路的加工(干法刻蚀)、材料的成分分析(二次离子质谱)等。我们把采用溅射的方法，使固体中的原子逸出表面并沉积在基片或工件表面形成薄膜的工艺称为溅射镀膜。在溅射镀膜工艺中，主要通过控制溅射气压、溅射功率(溅射电压、溅射电流)、靶基距、基片温度等工艺参数实现薄膜质量的调节。

1.3.1　直流磁控溅射原理

在溅射装置中(如图 1.7)，达到一定的真空状态后，在阴阳极间加上电压，这时产生稳定的辉光放电并形成一定的电流，阴极与阳极之间的气体分子被电离形成带电离子，其中正离子受阴极(靶材)的负电位加速运动而不断地撞击靶材，靶材在发射出电子的同时，并有一定数量的原子等粒子溅出，这些被溅射出来的原子沉积在基板上就可形成薄膜。

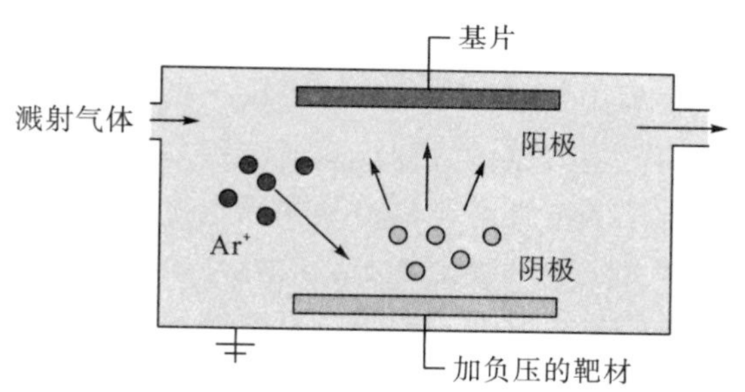

图 1.7　溅射装置示意图

被电离后的气体分子变成离子，在电场的作用下，离子从电场获取能量被加速，与靶材表面撞击后，其动量向被撞击的原子转移，使得被碰撞的原子产生位移，并进一步引起晶格点阵上原子的级联碰撞。这种碰撞将沿着晶体点阵的各个方向进行。同时，在原子最紧密排列的点阵方向上碰撞最为有效，结果晶体表面的原子从邻近原子那里得到愈来愈大的能量，如果在表面某处原子获得能量大于其结合能，该原子就从固体表面的某个方向溅射出来。如果离子能量低于某个阈值(一般为几十电子伏特)，则不能使表面原子获得足够能量脱离表面；如果离子能量过高(比如几万电子伏特)，则该离子可能发生注入效应而使得溅射效应减弱。从上述的溅射原理可以得知：如果材料原子间的结合力越大，就越难以被溅射；

化合物材料的结合能一般高于金属材料，所以其溅射速率一般要低很多。

单个离子轰击所产生的被溅射原子数称为溅射产额，是溅射过程的重要参数。溅射产额与离子的能量、原子序数、入射角度、被溅射材料的原子序数、晶体结构、靶材温度等多种因素有关。由于不同元素在受到离子轰击时，溅射产额差别较大，这有可能引起合金或化合物的选择性溅射，导致薄膜成分偏离理想值。但由于靶材是固体状态，表面层成分会由于选择性溅射迅速变化实现成分的自动调整，在很短的时间内，被溅射原子的比例就会“自动”地调整到接近靶材固有的成分比例。

在二极溅射中，溅射气体一般都是 Ar 气，其价格便宜、容易电离、溅射效率高，而且一般不与薄膜发生反应，工作气压在 1～10 Pa 范围内都可以维持稳定的放电状态。

简单的直流二极溅射结构简单，控制也不复杂，但由于存在工艺参数(如溅射电压、溅射电流、溅射气压等)彼此相关，不能独立调节的问题，在实际使用中不方便；在溅射时气压一般较高，导致沉积速率较慢；有大量电子轰击基片造成温升严重；一般只能用于导电材料的溅射。由于上述原因，二极溅射的使用受到限制。

1.3.2 射频磁控溅射原理

使用直流二极溅射方法可以很方便地溅射沉积多种薄膜的优点，同时也存在以下缺点：使用这一方法的前提是靶材必须为导电材料。在电子薄膜材料中，有相当一部分材料导电性并不高，甚至是绝缘的电介质材料。对于这些材料而言，我们简单地加上一个直流电压是不可能维持稳定的辉光放电的。由于一定的溅射速率就需要一定的工作电流，因此用直流溅射方法溅射导电性较差的非金属靶材，就需要大幅度地提高直流溅射装置电源的电压。显然，对于导电性很差的非金属材料的溅射，这是不可行的。

设想在图 1.8 中溅射设备的两电极间接上频率超过 50kHz 的交流电源时，放电过程与直流放电相比有两方面的不同：第一，在两极之间电子将进行不断振荡运动，运动距离增加；通过从高频电场获得足够的能量，使得气体分子电离，而电极发射的二次电子对于维持放电的重要性下降。第二，高频电场可以经由电容或电感耦合进入沉积室，而不再要求电极一定要是导电体。因此，采用高频电源将使溅射过程摆脱靶材导电性的限制。

一般来说，在溅射中使用的高频电源频率已属于射频范围，国际上通常采用的射频频率为 13.56MHz。由于高频场中电子和离子运动特性的差异，使得射频放电可以在靶材上产生自偏压，靶材会自动地处于一个负电位下，导致气体离子对其产生自发的轰击，从而实现对靶材的溅射。

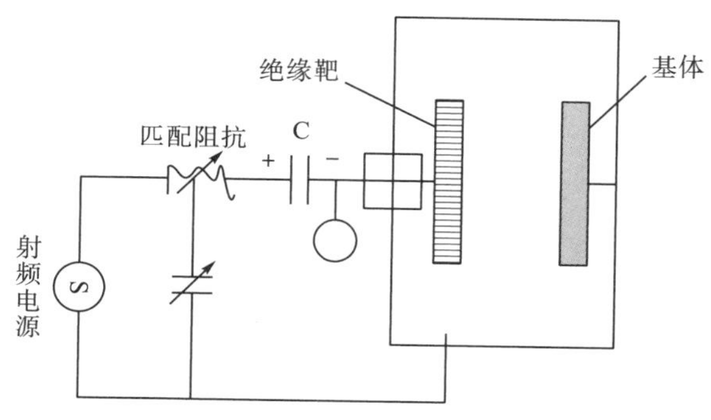

图 1.8　射频溅射系统示意图

射频溅射适用于各种金属和非金属材料的溅射，可以在任何基片上沉积薄膜，因此得到了广泛的应用。近年来，在制备各种电子功能薄膜、化合物半导体薄膜、大规模集成电路的绝缘薄膜等材料方面都有广泛的应用。

1.4　蒸发镀膜工艺

1.4.1　真空蒸发镀膜原理

真空蒸发镀膜是将待镀的原料在真空环境下加热到一定的温度，使原料蒸发汽化，被蒸发出来的这些原子或原子团碰撞到温度较低的基板上就会凝固下来，从而形成所需的薄膜。图 1.9 是蒸发沉积设备的示意图。

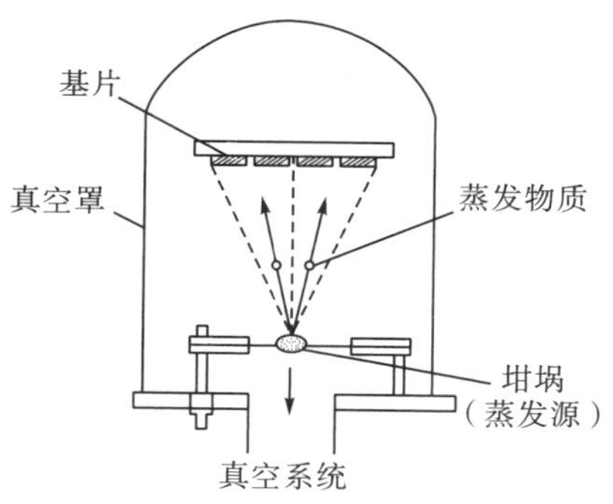

图 1.9　蒸发镀膜示意图

一般而言，为了获得纯净的薄膜，并使蒸发的原子作直线的输运，我们需要一个高真空环境(背底真空度应该高于 10^{-3}Pa 量级)。在实际的沉积中，物质的蒸气压也可能高达 10^{-2}～10^{-1}Pa。在一定温度下，元素有各自的平衡蒸气压。根据分子动力学原理，薄膜的沉积速率由原子的浓度和运动速度决定，所以物质的蒸气压在很大程度上决定了蒸发镀膜的沉积速率。而物质的平衡蒸气压随温度的上升会急剧增加，因而蒸发温度是控制蒸发速率的最关键参数。我们可以根据蒸气压的高低合理选定蒸发的方法和蒸发的温度。

由于蒸发沉积是在高真空条件下进行的，所以蒸发原子的运动基本上是直线运动。根据蒸发源的特性，按照小平面源或点源以及原子发射的余弦定律进行估算，从而得到基片上薄膜的厚度均匀性或者达到某种均匀度所必需的源基距离，并根据这些参数对基片的放置方式进行合理优化。对于基片表面不平整(比如有台阶、孔洞)的情况，更需要仔细分析薄膜对基片表面的覆盖度问题。

纯度是电子薄膜中需要特别关注的问题，在某些情况下，杂质会严重影响薄膜材料中的电子结构，从而导致材料性能发生变化。在蒸发沉积中，薄膜的纯度由以下几个因素来决定：①蒸发原料的杂质含量；②发热材料、坩锅等可能造成的污染；③装置中的残余气体分压。对于这三个因素的影响，我们需要分析主要矛盾，从改善原料品质、选择合理的加热方式，以及改善真空系统三个方面来加以解决。

此外，被蒸发原子的动能一般与其相应温度下的热能相当，大概在零点几电子伏特(脉冲激光蒸发除外，其粒子能量可能高达几十电子伏特，所以在有些时候我们也不把它当作一种蒸发方法)，这样的动能和轰击作用对于一般的基片都不会有太大影响，所以蒸发薄膜可以沉积在各种基片的表面。

蒸发设备根据使用要求的不同会有极大的差别，其中最重要的部分就是对蒸发原料的加热方式和蒸发速率的控制。下面，我们就根据蒸发源的加热方式对蒸发技术进行介绍。

1.4.2　电阻式加热蒸发镀膜

电阻加热法装置简单，操作方便，是应用最普遍的一种蒸发加热方式，广泛应用于非难熔金属导体薄膜及电阻薄膜的制备中。加热电阻一般都是高熔点、低蒸气压、高稳定性的金属(如 W、Mo、Ta 等)材料。

为了加热，镀料需要接触加热材料。但在高温下，有些镀料容易与加热材料形成合金。在这种情况下，形成的合金有可能会蒸发出来造成污染降低薄膜的纯度，所以一旦加热材料形成合金后就应该更换，或者通过选择不同的加热材料减少形成合金的可能。如果镀料化学活性较高，也可以使用高熔点氧化物、BN、石墨等作为盛料坩锅，与加热丝组成间接加热源。

根据镀料的特性及其与加热材料的浸润情况，蒸发加热源可以是直接加热原料的丝状蒸发源或舟(板)状蒸发源，如图 1.10 所示。使用丝状加热源一般要求镀料与加热材料浸润性较好，比如用钨丝蒸发 Au、Al 等；蒸发舟适用于粉粒或块状镀料的蒸发。此外，在有些情况下，我们也使用坩埚类蒸发源用于蒸发熔点不高但容易与发热材料产生化学反应或形成合金的原料。

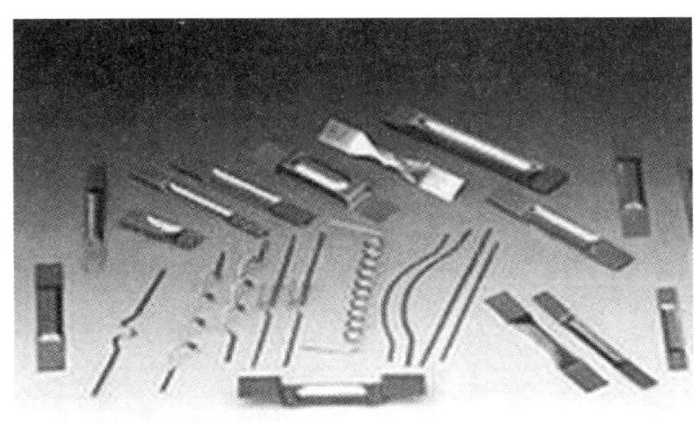

图 1.10　电阻蒸发源的种类

在电阻热蒸发装置中，一般都通过控制加热电压改变通过发热材料的电流来实现对蒸发温度的控制。在实践中需要注意到以下一些现象，并通过缓慢调节加热电压进行控制以实现稳定的沉积：发热材料的电阻随温度会发生变化；在加热过程中某些原料可能会有放气的现象；有些材料与发热材料热接触并不是很好；在被金属材料浸润后发热材料电阻会有较大的变化。

1.4.3　电子束蒸发镀膜

电子束蒸发是利用电场给电子提供能量，并让高能电子轰击，使其受热蒸发的方法。电子束蒸发克服了电阻蒸发中来自加热材料或坩锅的污染，加热功率和温度也容易提高，所以在蒸发沉积高熔点或高纯度电子薄膜材料中得到广泛应用。

电子束由热灯丝发出后，经加速阳极加速，获得相当高的动能，然后轰击在镀料上，使原料被加热汽化，从而实现沉积。由于电子束加速电压可达几千伏以上，束流能量密度远高于电阻蒸发，可以非常容易地蒸发高熔点金属甚至是 Al_2O_3、MgO 等高熔点的氧化物。尽管蒸发温度很高，但由于镀料盛放在水冷铜坩锅中，被蒸发原料只是局部熔化，因而可以避免污染获得较高的纯度。但也正是由于电子束能量高，蒸发温度高，在某些化合物蒸发时会发生部分分解，以及分子部分电离，可能会影响薄膜的结构和电学性质，需引起注意。

电子束蒸发源的结构根据电子轨迹的不同，可以分为环形枪、直枪、e 型枪和空心阴极枪等几种形式。图 1.11 为常见的 e 型枪结构电子束蒸发源结构示意图。给阴极灯丝通电加热后，其发射出具有一定初始动能的热电子，这些热电子在灯丝阴极与阳极之间受极间电场制约，不但可以按一定的会聚角会聚成束状，而且还会受磁场的作用，沿 $\boldsymbol{E}\times\boldsymbol{B}$ 的方向偏转。到达阳极孔时，电子能量可提高到几千电子伏特。通过阳极孔后，电子束受到磁场作用发生偏转，在偏转 270° 之后，入射到坩埚内的镀料表面，使蒸发原料加热蒸发，以便进行真空镀膜。

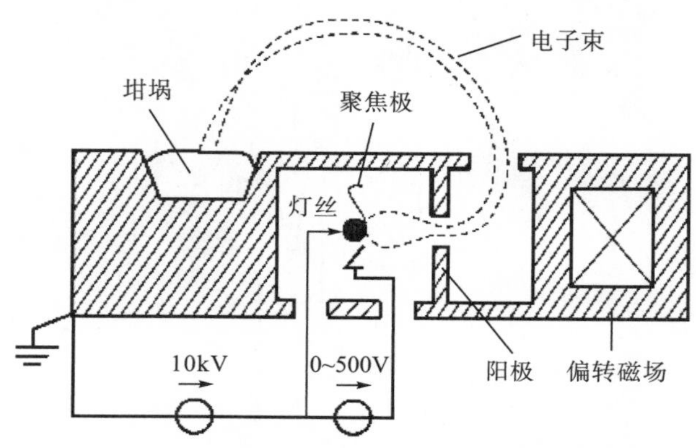

图 1.11 e 型枪结构电子束蒸发源结构示意图

电子束的运动轨迹受到电场和磁场的控制，通过调节加速电压可以方便地调节电子束偏转半径，从而实现电子束斑点位置的调节。与电阻热蒸发类似，很多蒸发原料都吸附了大量的气体，一般需要通过移动电子束斑对蒸发原料预熔出气以避免物料飞溅。

1.4.4 脉冲激光沉积

脉冲激光沉积(Pulsed Laser Deposition，PLD)，也被称为脉冲激光烧蚀(Pulsed Laser Ablation，PLA)，是一种利用激光对物体进行轰击，然后将轰击出来的物质沉淀在不同的衬底上，得到沉淀或者薄膜的一种手段。

PLD 的系统设备简单(图 1.12)，但是它的原理却是非常复杂的物理现象。由于 PLD 在多组元化合物薄膜材料的制备中容易保证薄膜组分与靶材的一致性，所以自 1987 年成功制作高温超导膜开始，用作薄膜制造技术的脉冲激光沉积获得普遍赞誉，并在实验室中得到广泛的应用。过去十年，脉冲激光沉积主要用来制作具备外延特性的多组元晶体薄膜。陶瓷氧化物(Ceramic Oxide)、氮化物膜(Nitride Films)、金属多层膜(Metallic Multilayers)，以及各种超晶格(Superlattices)都可以用PLD来制作。近年来亦有报告指出，利用PLD可方便地实现纳米管(Nanotubes)、纳米线(Nanowire)，以及纳米点(Nanoparticles)的制备。

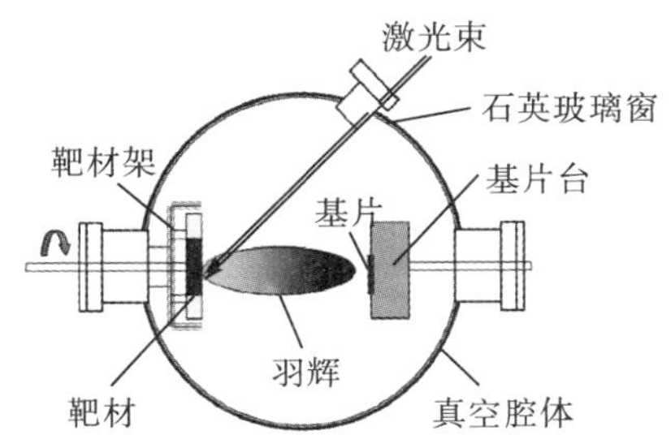

图 1.12　脉冲激光沉积结构图

1.4.5　分子束外延

分子束外延是一种新的单晶外延薄膜生长技术，简记为MBE(Molecular Beam Epitaxy，MBE)。在超高真空条件下，由装有各种所需组分的炉子加热而产生的蒸气，经小孔准直后形成的分子束或原子束，直接喷射到适当温度的单晶基片上(图 1.13)。该法薄膜生长温度低，能严格控制外延层的层厚、组分和掺杂浓度，但系统复杂，薄膜生长速度慢，生长面积也受到一定限制。

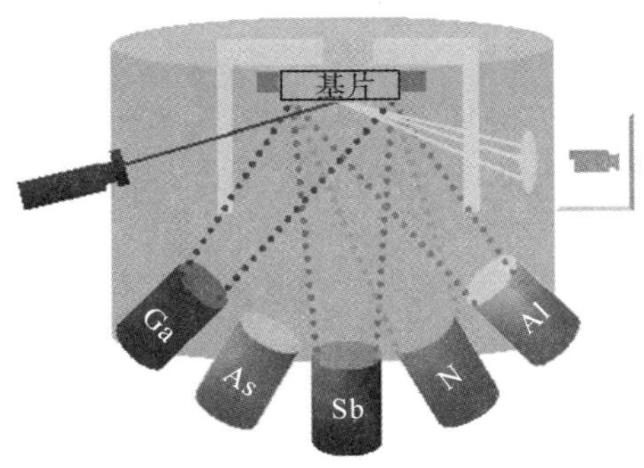

图 1.13　分子束外延系统示意图

1.4.6　其他蒸发镀膜方法

对于两种以上的元素构成的合金，由于每种元素各有其固有的蒸发速度，得到的薄膜成分一般不同于镀料，即发生所谓的分馏现象。但是，如果使用不同蒸发源同时分别蒸发各组分元素，并独立地控制各蒸发源的蒸发速率，使达到基板上的各种原子与所需合金的薄膜组成相对应，则可制成满足成分要求的薄膜。

瞬间蒸镀法又称闪蒸法，利用该技术可以获得组分恒定的合金薄膜。其基本原理是将蒸镀材料制成粒状或粉状，然后通过漏斗一类的装置渐渐地注入高温蒸发源中，使蒸发物质在蒸发源上实现瞬间完全蒸发。如果把整个蒸镀过程分成许多微小的时间段，则在每一个时间段内，薄膜成分因同时蒸发而与蒸发材料相对应，由此沉积的整体薄膜成分与镀料基本相同，从而防止了分馏现象。

感应加热是将射频电源的能量直接耦合到金属、石墨一类的导体上，其原理是利用高频电磁场在导体材料中感生的热量来直接加热导体本身。

化合物的蒸发成分常常涵盖一定范围，大至分子簇，小至分解产物特别是分解的分子。往往得不到与蒸发材料相同的薄膜，这种情况下可以采用反应蒸发的方法。所谓反应蒸发就是在蒸镀金属过程中充入某些活性气体，使活性气体的原子、分子和蒸发的金属原子、低价化合物分子在基板表面沉积过程中发生反应，从而形成化合物薄膜的方法。

1.5 薄膜的生长过程

1.5.1 薄膜的生长模式

薄膜的生长过程直接影响到薄膜的结构以及性能。由于薄膜的形态不是块状体，其厚度与表面尺寸相比相差甚远，可近似为二维结构，因此薄膜的表面效应十分明显。同时，薄膜的沉积过程伴随着从气相到固相的急冷过程，因此从结构上看，必然会保留大量的缺陷。

薄膜的生长过程伴随着吸附、扩散、凝结过程。在薄膜的制备过程中射向基板及薄膜表面的原子、分子与表面相碰撞，其中一部分被反射，另一部分在表面上停留。停留于表面的原子、分子，在自身所带能量及基板温度所对应的能量作用下，发生表面扩散及表面迁移，一部分再蒸发，脱离表面，一部分落入势能谷底，被表面吸附，即发生凝结过程。凝结伴随着晶核的形成与生长的过程和岛形成、合并与生长过程。薄膜的生长模式分为以下三种：

1. 岛状生长模式

当衬底温度足够高时，沉积原子具有一定的扩散能力，被沉积的物质与衬底间浸润性较差，沉积原子更倾向于自己相互键合形成三维岛，而避免与衬底发生键合(许多金属在非金属衬底上生长采取这种模式)。

2. 层状生长模式

该模式下被沉积物与衬底间浸润性很好，被沉积物的原子更倾向于与衬底原子键合。薄膜从形核开始即采取二维扩展的模式，薄膜沿衬底表面铺开，并在随后的沉积过程中，一直保持这种层状的生长模式。该模式下没有明确意义的形核阶段出现。

3. 层状-岛状生长模式

该模式下，最开始的一两个原子层的层状生长之后，生长模式转变为岛状生长模式。该模式的根本原因可归结为薄膜生长过程中各种能量的相互消长，具体原因包括薄膜与衬底间晶格常数不匹配导致应变能在沉积过程中增加、原子外层电子分布影响、为降低表面能较高晶面的表面能而转变。

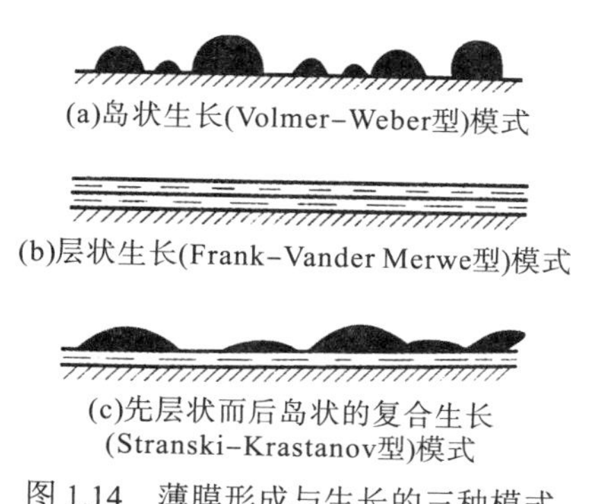

图 1.14　薄膜形成与生长的三种模式

1.5.2　薄膜的形核与生长

毛细理论(热力学界面理论)的基本思想是将一般气体在固体表面上凝结成微液滴的形核与生长理论应用到分析薄膜形成过程分析。这种理论采用蒸气压、界面能和润湿角等宏观物理量，从热力学角度定量分析形核条件、形核率及核生长速度等，属于唯象理论。该理论包括新相的自发形核理论、非自发形核理论；解释了影响薄膜形核率的因素，如临界形核自由能、脱附活化能、扩散激活能等。

在薄膜沉积过程的最初阶段，先要有新相的核心形成。该过程分为自发形核和非自发形核，前者指整个形核过程完全是在相变自由能的推动下进行的，薄膜与衬底浸润性较差时认为是自发形核；后者指除了相变自由能作推动力之外还有其他因素推动新相核心的形成，大多数相变过程都是非自发形核。

在薄膜沉积的情况下，核心常出现在衬底的某些特殊位置上，如晶体缺陷、原子层形成的台阶、杂质原子处等。这些地点或可以降低薄膜与衬底间的界面能，或可以降低使原子发生键合时所需的激活能。因此，薄膜形核的过程在很大程度上取决于衬底表面能够提供的形核位置的特性和数量。另外，温度上升或相变过冷度降低将使薄膜临界核心半径增大，新相形成困难。

关于薄膜形核与生长的另一种理论是原子聚集理论，该理论与毛细理论原理相似，但其不同之处在于该理论基于参量的不连续变化：原子团尺寸、吸附原子及原子间的键能等不连续变化，得出临界晶核尺寸较小，形核速率较高。该理论适用于原子键能较高或过饱和度大，从而导致临界晶核较小的过程。

1.5.3 连续膜的形成

在薄膜形成的过程中，形核初期形成的孤立核心将随着时间的推移而逐渐变大，这一过程除了涉及吸纳单个的气相原子和表面吸附原子之外，还涉及了核心之间的相互吞并和联合的过程。以下是三种核心相互吞并的可能机制：

(1) 奥斯瓦尔多吞并过程。当两个尺寸大小不同的核心相互靠近，尺寸小的核心中的原子有自蒸发的倾向，较大的核心会因为较低的平衡蒸气压从而吸纳蒸发来的原子，达到吞并的结果。该过程的自发进行导致薄膜中总维持有尺寸大小相似的岛状结构。这一过程的驱动力来自岛状结构的薄膜力图降低自身表面能的趋势。

(2) 熔结过程。表面能的降低是该过程的驱动力，基于表面扩散机制使两个相互接触的核心相互吞并。

(3) 原子团迁移。由热激活过程驱使，原子团的运动导致原子团间相互发生碰撞和合并。

在上述机制的作用下，原子团之间相互发生合并，并逐渐形成连续的薄膜结构。另外，在薄膜生长过程中，表面能因晶体表面的取向不同而不同，采用 Wullf 理论可以根据表面能的方向性推测薄膜生长的模式以及取向。

1.5.4 薄膜的生长过程与薄膜结构

薄膜的生长模式可分为非外延生长模式和外延生长模式。

1. 非外延生长模式

在薄膜的沉积过程中，可将原子沉积细分为三个过程，即气相原子的沉积、表面扩散及薄膜内的扩散。这些过程均受到相应过程的激活能控制，因此薄膜结构的形成与沉积时衬底相对温度 T_s/T_m（T_s 为衬底温度，T_m 为沉积物的熔点）及沉积原子自身的能量密切相关。此处将介绍在溅射法制备薄膜时，沉积条件对薄膜组织的影响。

溅射法制备的薄膜有如图 1.15(a)所示四种组织形态。

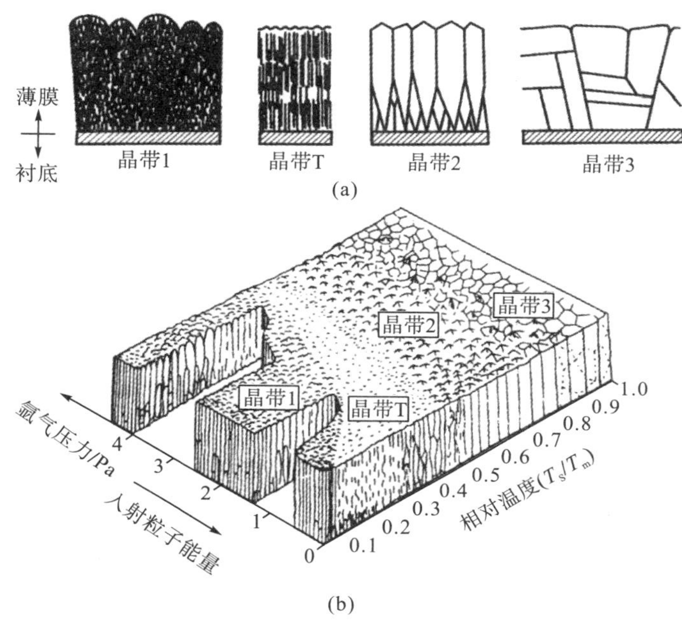

图 1.15　薄膜组织的四种典型断面结构(a)；衬底相对温度 T_s/T_m 和溅射气压对薄膜组织的影响(b)

对薄膜组织的形成具有重要影响的因素除了衬底温度外，溅射气压也会直接影响入射在衬底表面粒子的能量。

在温度很低、气体压力较高的情况下，入射粒子能量很低，表面扩散能力有限，临界核心尺寸很小导致沉积的粒子不断出现新的核心，形成了晶带 1 型细纤维状组织形态；该形态薄膜，晶粒内缺陷密度很高，晶粒边界处的组织明显疏松，细纤维状组织由孔洞包围，力学性能很差。

晶带 T 介于前后二者之间，但表面扩散能力较晶带 1 型高，晶带 1 向该形态转变与温度与溅射时气体压力有关；晶粒边界明显较为致密，机械强度提高，孔洞和锥状形态消失。晶带 T 型与晶带 1 型的分界明显依赖于气压，即溅射压力越低，入射粒子能量越高，则两者的分界越向低温区移动。这表明，入射粒子能量的提高有抑制晶带 1 型组织出现，促进晶带 T 型组织出现的作用。

温度逐渐升高到 T_s/T_m=0.3～0.5 时，原子表面扩散进行得较为充分，而沉积阴影效应影响下降时形成晶带 2 所示柱状晶薄膜组织。此时，晶粒内缺陷密度低，晶粒边界致密性好，力学性能高，晶粒表面开始呈现晶体学平面的特有形貌。

温度继续升高(T_s/T_m>0.5)使得原子的体扩散开始发挥重要作用，沉积的同时发生再结晶，晶粒长大直至超过薄膜厚度，此时薄膜组织变为等轴晶组织，晶粒内部缺陷密度极低，即晶带 3。

晶带 1 和晶带 T 型薄膜组织的形成过程，由于原子扩散能力不足，故称之为低温抑制型生长；与此对应，晶带 2 和晶带 3 型称为高温热激活型生长。前者是原子扩散能力有限、大量晶核竞争生长的结果。随着温度的升高，薄膜的密度提升，其沉积的位置就是其入射到薄膜表面时的位置，这种条件下形成的薄膜由于沉积观测的统计性涨落和沉积的阴影效应造成表面粗糙。

蒸发法制备的薄膜组织与溅射法相似，但蒸发法入射粒子能量很低，一般不易形成晶带 T 型的薄膜组织，且蒸发法获得同样形态组织的温度区间较溅射法稍高。对非晶薄膜进行退火处理可使其转变为微晶亚稳态状态或稳定的晶体结构。

晶态薄膜经常具有一定的织构倾向，其形成过程就是各种取向的晶粒竞相生长，生长速度较低的晶粒被其他的晶粒掩盖，生长速度最快的晶体学方向会成为薄膜的织构方向，与衬底取向无关。大多情况下我们需要制备具有某种特定的织构薄膜。如氧化锌压电薄膜在[0001]方向具有最高的压电系数。利用薄膜的外延技术和晶体生长速度的各向异性是两种获得具有织构的薄膜的方法。晶体表面能具有各向异性，沉积过程中沉积速度随晶向不同而不同。其中，在非密排晶面上，薄膜的沉积速度最高。实际上，影响晶体表面能的因素还包括原子间键合的方向和类型、表面异类原子等。该原理的运用可以有目的地选择所需要的薄膜织构。

2. 外延生长模式

在完整的单晶衬底上延续生长单晶薄膜的方式称为外延生长，分为同质外延、异质外延两类。薄膜的外延生长要求薄膜与衬底之间实现点阵的连续过渡。对于异质外延，薄膜与衬底间点阵常数不匹配会造成失配现象，常用失配度的概念来表征其相对差别。非外延生长薄膜有岛状、层状、岛状-层状模式，与此对应，外延生长薄膜的生长模式可分为台阶流动式与二维成核式两种，如图 1.16 所示。

两种模式产生的主要原因是原子在薄膜表面具有不同的扩散能力。

薄膜外延技术包括气相外延(Vapor Phase Epitaxy，VPE)、分子束外延等。薄膜外延技术生长条件较为苛刻，点阵失配、杂质、衬底表面的氧化或吸附层、衬底中的晶界等都会诱发缺陷的产生。

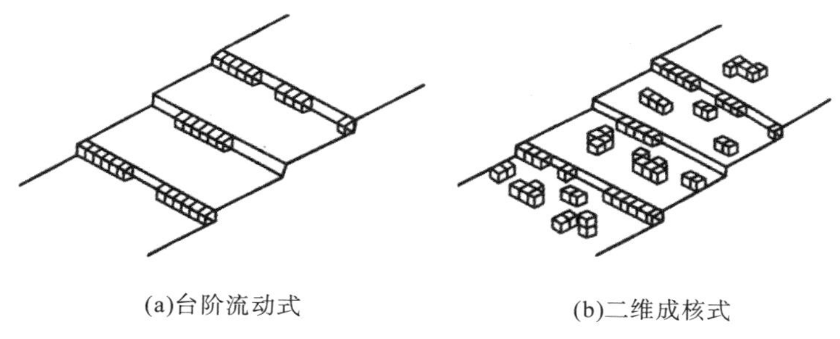

(a)台阶流动式　　　(b)二维成核式

图 1.16　外延薄膜的两种生长模式

在薄膜生长和形成过程中可能产生各种缺陷，而且缺陷比块状材料中多；这些缺陷对薄膜性能有重要的影响；缺陷与薄膜制造工艺有关。包括：

(1) 点缺陷。在基体温度低时或蒸发、凝聚过程中温度急剧变化时会在薄膜中产生许多点缺陷，这些点缺陷对薄膜的电阻率产生较大的影响。

(2) 位错。薄膜中有大量的位错，位错处于钉扎状态，因此薄膜的抗拉强度比大块材料略高一些。

(3) 晶界。因为薄膜中含有许多小晶粒，因而薄膜的晶界面积比块状材料大，晶界增多。这是薄膜材料电阻率比块状材料电阻率大的原因之一。

除上述之外，还存在卵形缺陷、丘形缺陷等。各种缺陷的形成机理，缺陷对薄膜性能的影响，以及如何减少和消除缺陷等都可以成为研究的课题。

1.5.5　薄膜中的应力和薄膜的附着力

薄膜中普遍存在的应力和薄膜与衬底间的附着力是与薄膜材料的应用密切相关的两个问题。其存在会影响薄膜的各项性能，进而影响其应用范围及寿命。

一般情况下，薄膜应力多指垂直于薄膜表面的断面上的应力平均值。不同的材料组合或不同的薄膜制备条件都会在薄膜系统中产生不同的应力。薄膜应力常包括热应力、本征应力等。其影响因素包括化学成分、微观结构、粒子轰击这三个方面。薄膜中应力存在的直接结果是形成应变，因此可用多种方法测其应力。可使用光学的方法测量薄膜的曲率或通过薄膜 X 射线衍射的方法测得薄膜的应力。

薄膜附着力指的是薄膜对衬底的黏着能力的大小，即薄膜与衬底在化学键合力或物理咬合力作用下的结合强度。原则上来讲，薄膜与衬底间的作用力遵循原子间作用力的一般规律，即随着原子间距的减小，其间的作用力逐渐增加。从能量的角度可将物质界面的附着力从小到大排序如下：具有不同化学键类型、相容性较低的两种物质，如金属与高聚物间形成的界面；具有化学相容性的物质；同一种物质形成的界面。其影响因素众多，包括界面间的化学键合类型、元素的相互扩散、薄膜的内应力、界面杂质和缺陷等。附着力的测量包括刮剥法、拉伸法、胶带剥离法等，附着力测试方法的共同特点是在对薄膜施加载荷的前提下，测量薄膜脱落时的临界载荷。由于多次测量结果不会完全相同，故其测试结果很难达到定量，只具有定性的意义。

1.6 薄膜材料的测量与表征

针对不同的薄膜特性，需要采用不同的研究手段。在对各种微观物理现象利用的基础上发展出的一系列薄膜结构和成分的分析手段为薄膜的深入分析提供了了现实可能性。薄膜制备与应用领域普遍关心的薄膜特性分析包括：薄膜的厚度测量、薄膜的形貌和结构的表征、薄膜成分的分析、薄膜附着力的测量。

1.6.1 薄膜厚度的测量

不论是光学涂层，还是各种电子器件制备的沉积层，均需要了解其厚度。多数薄膜厚度测量方法只能在薄膜制备完成后开展，只有少数方法属于实时测量技术。薄膜的厚度测量技术大致可分为光学测量方法和机械测量方法两类。具体方法对比如表 1-3 所示：

表 1-3　薄膜厚度的测量方法

方法	测量范围	精度	说明
等厚干涉法(FET)	3～2000nm	1～3nm	需制备台阶和反射层
等色干涉法(FECO)	1～2000nm	0.2nm	需制备台阶和反射层，需光谱仪
变角度干涉法(VAMFO)	80nm～10μm	0.02%	透明膜和反光衬底
等角反射干涉法(CARIS)	40nm～20μm	1nm	透明膜
椭偏仪法	零点几纳米至数微米	0.1nm	透明膜，数学分析复杂
台阶仪法	>2nm	零点几纳米	需制备台阶
称重法	无限制	-	精度取决于薄膜密度的确定
石英晶体振荡法	至数微米	<0.1nm	厚度较大时具有非线性效应

光学测量方法可用于透明、不透明薄膜的测量，测量精度较高。该方法多利用薄膜厚度引起的光程差变化及光的干涉现象作为测量的物理基础，包括等厚干

涉法、等色干涉法、变角度干涉法、椭偏仪法等。其中，椭偏仪法又称为偏光解析法，是利用物质界面对于不同偏振光具有不同的反射、折射能力的特性的测量方法。该方法可以同时对透明薄膜的光学常数和厚度进行精确的测量，可用于各种复杂环境下的薄膜生长的实时监测，但原理和计算较复杂。

机械测量方法包括台阶仪法、称重法与石英晶体振荡法。台阶仪法用直径很小的触针划过被测薄膜的表面，同时记录下触针在垂直方向的移动情况并画出薄膜表面轮廓。这种测量方法虽然简单、直观，但易划伤薄膜表面并引起测量误差，同时对于表面粗糙的薄膜，其测量误差较大。称重法借助公式 $h=\dfrac{m}{A\rho}$ 得到薄膜的厚度，该方法的精度依赖于薄膜的密度 ρ 以及面积 A 的测量精度，这是其不足之处。石英晶体振荡法基于石英晶体片的固有振动频率随其质量的变化而变化的物理量现象，是目前应用最广泛的薄膜厚度监测方法之一。大多数情况下，这种方法主要用来测量薄膜的沉积速度，将其与电子技术相结合，不仅可以实现沉积速度、厚度的实时监测，还可以反过来控制物质蒸发或溅射的速率，从而实现对于薄膜沉积过程的自动控制。

1.6.2　薄膜结构的表征方法

薄膜的性能取决于薄膜的结构和成分，其中，薄膜结构的研究可以从研究的尺度范围分为宏观形貌、微观形貌及薄膜的显微组织三个层次。针对研究的尺度范围选择不同的研究手段，包括光学金相显微镜、扫描电子显微镜(Scanning Electron Microscope，SEM)、透射电子显微镜(Transmission Electron Microscope，TEM)、X 射线衍射技术(X-ray Diffraction，XRD)、原子力显微镜(Atomic Force Microscope，AFM)等。

SEM 是目前研究材料结构的最佳手段之一，其特点是分辨率高、景深长、可采用不同的图像信息形式、可得到定量或半定量的成分分析结果，其结构如图 1.17 所示。

SEM 的原理是由灯丝加热后发射电子束经加速聚焦后扫描在样品表面特定区域上，得到需要的图像信息。其电子束作用区域及反馈信息如图，其中二次电子来自样品表面，其图像具有较高的分辨率；背散射电子可用于获得样品成分分布图像。该方法要求样品具有一定的导电性，否则会引起荷电效应。

我们知道，特定波长的 X 射线与晶体学平面发生相互作用时会发生 X 射线的衍射，如图 1.18 所示，衍射现象发生的条件即是满足布拉格方程：$2d\sin\theta=n\lambda$ 。基于这一物理现象，XRD 采取收集入射和衍射 X 射线的角度信息及强度分布的方法，获得晶体点阵类型、晶格常数、晶体取向、缺陷和应力等一系列有关材料结构信息。由于X射线对物质的穿透能力较强，导致薄膜的衍射强度偏低，解决该问题的途径有三条：第一，采用高强度的X射线源，从而提高相应衍射信号强度；第二，延长测量时间，以部分抵消强度较弱带来的问题；第三，采用掠角衍射技术，即将X射线以近于与薄膜样品表面平行的方向入射到薄膜表面，从而增加参与衍射的样品原子数。

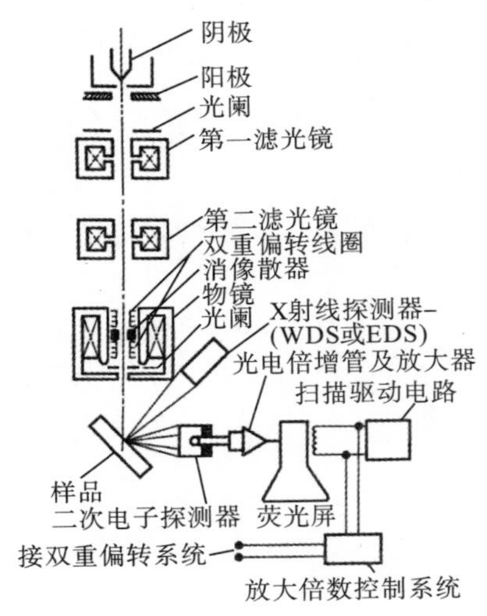

图 1.17 扫描电子显微镜的结构示意图

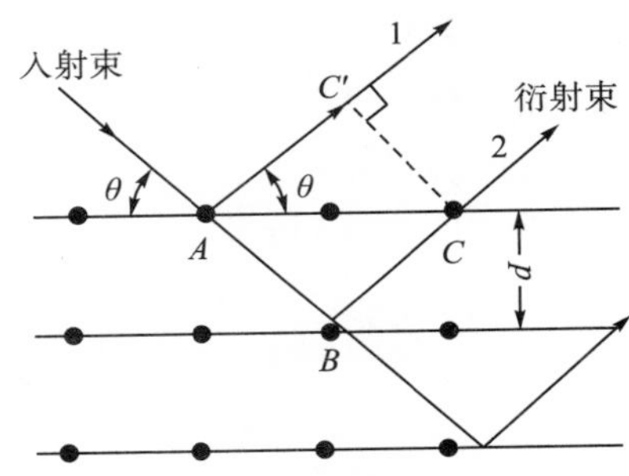

图 1.18 X射线在晶体学平面上的衍射

AFM属于扫描探针显微镜，测量的是原子间的作用力，其共同特点是利用尺寸极小的显微探针，在接近样品表面的情况下，通过探测物质表面某种物理效应随探测距离的变化，获得原子尺度的表面结构或其他方面的信息，其工作原理如图1.19所示。其工作模式包括接触模式和非接触模式，前者探针直接感受到表面原子与探针间的排斥力，分辨率较高；后者感受到的是表面与探针间的吸引力，分辨率较前者低，但对硬度较低的样品不会造成损坏，且不会引起样品表面污染。将二者结合有第三种工作模式，即轻敲模式，该方法不需要样品具有一定的导电性。相对于SEM，AFM具有许多优点。不同于SEM只能提供二维图像，AFM提供真正的三维表面图。同时，AFM不需要对样品的任何特殊处理，如镀铜或碳，对样品的特殊处理对样品会造成不可逆转的伤害。第三，SEM需要运行在高真空条件下，AFM在常压下甚至在液体环境下都可以良好工作。和SEM相比，AFM的缺点在于成像范围太小，速度慢，受探头的影响太大。

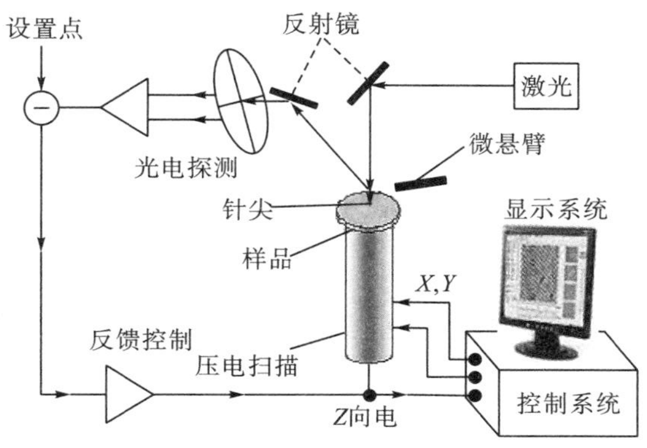

图 1.19　原子力显微镜的工作原理图

在 AFM 的系统中，可分成三个部分：力检测部分、位置检测部分、反馈系统。力检测部分：在 AFM 的系统中，所要检测的力是原子与原子之间的范德华力，所以在本系统中是使用悬臂梁(cantilever)来检测原子之间力的变化量。悬臂梁通常由一个 100～500μm 长和 0.5～5μm 厚的硅片或氮化硅片制成。悬臂梁顶端有一个尖锐针尖，用来检测样品与针尖间的相互作用力。悬臂梁有一定的规格，包括长度、宽度、弹性系数以及针尖的形状，而这些规格的选择是依照样品的特性以及操作模式的不同而选择不同类型的探针。位置检测部分：AFM 的系统中，当针尖与样品之间有了交互作用之后，会使得悬臂梁摆动，所以当激光照射在悬臂梁的末端时，其反射光的位置也会因为悬臂摆动而有所改变，这就造成偏移量的产生。在整个系统中是依靠激光光斑位置检测器将偏移量记录下并转换成电信号，以供扫描探针显微镜(Scanning Probe Microscope，SPM)控制器作信号处理。反馈系统：在 AFM 的系统中，信号经由激光检测器取入之后，在反馈系统中会将此信号当作反馈信号，作为内部的调整信号，并驱使通常由压电陶瓷管制作的扫描器做适当的移动，以保持样品与针尖保持一定的作用力。综上，AFM 系统使用压电陶瓷管制作的扫描器精确控制微小的扫描移动。压电陶瓷是一种可以通过改变其端面电压来控制其尺寸微小伸缩的材料。通常把三个分别代表 X，Y，Z 方向的压电陶瓷块组成三角架的形状，通过控制 X，Y 方向的伸缩达到驱动探针在样品表面扫描的目的，通过控制 Z 方向的伸缩来控制探针与样品之间距离的目的。AFM 便是结合以上三个部分来将样品的表面特性呈现出来的。在 AFM 的系统中常使用悬臂梁来感测针尖与样品之间的相互作用，作用力会使微悬臂摆动，再利用激光将光照射在悬臂的末端，当摆动形成时，会使反射光的位置改变而造成偏移量，此时激光检测器会记录此偏移量，也会把此时的信号给反馈系统，以利于系统做适当的调整，最后再将样品的表面特性以影像的方式呈现出来。

1.6.3 薄膜成分的表征方法

薄膜表面及内部一定深度内的成分及其分布可采用各种方法加以分析。如表 1-4 所示：

表 1-4 各种薄膜成分分析方法的特点

分析方法	分析元素范围	检测极限/%	空间分辨率	深度分辨率
能量色散 X 射线光谱法(EDS)	Na～U①	约 0.1	约 1μm	约 1μm
波长色散 X 射线光谱法(WDS)	B～U	约 0.01	约 1μm	约 1μm
俄歇电子能谱法(AES)	Li～U	0.1～1	50nm	约 1.5nm
X 射线光电子能谱法(XPS)	Li～U	0.1～1	约 100μm	约 1.5nm
卢瑟福背散射能谱法(RBS)	He～U	约 1	1mm	约 20nm
二次离子质谱法(SIMS)	H～U	约 10^{-4}	约 1nm	约 1.5nm

①在采用超薄窗口的情况下，可分析的元素范围与 X 射线波长色散谱相同。

表中所示的方法多基于原子受到激发后，内层电子排布会发生变化并发生相应的能量转换过程的原理。

EDS 简称能谱仪，是一种可以安装在 SEM 和 TEM 上的常规分析仪器，是材料结构研究中的主要成分微区分析的分析手段。电子枪产生的高能电子束不仅要完成揭示材料结构特征的任务，还要起到激发材料中的电子使其发射特征 X 射线的作用。与其工作原理相似的是 WDS，简称波谱仪，该仪器中记录特征 X 射线的波长而非能量。其波长分辨率高，但分析速度慢。

AES 通过收集、分析样品被电子束激发发射出的俄歇电子，达到分析样品成分的目的。俄歇电子能谱仪的分析深度只有几纳米，因此可对样品表面成分进行分析。进行深度的成分分析时可以使用离子枪对样品表面进行溅射。

不仅电子可以用来激发原子的内层电子，能量足够高的光子也可以作为激发源，通过光电效应产生出具有一定能量的光电子。XPS 就是利用能量较低的 X 射线源(轻元素如 Mg 的 Kα 特征 X 射线)作为激发源，通过分析样品发射出来的具有特征能量的电子，实现分析样品化学成分目的的仪器。X 射线光电子谱的峰宽很小且会发生峰的位移，因此它不仅可以反映所研究物质的化学成分，还可以反映出相应元素所处的键合状态。但由于 X 射线的聚焦能力差，其空间分辨率不高。

第 2 章　电子薄膜制备与分析测试实验

2.1　直流磁控溅射镀膜实验

2.1.1　实验目的

溅射法是薄膜物理气相沉积的主要方法之一。这种方法沉积原子的能量较高，因此薄膜组织更致密、附着力也可以得到显著改善，易于确保所制备的薄膜的化学成分与靶材的成分基本一致，并可利用反应溅射技术，以金属元素为靶材制备化合物薄膜，这些都使得溅射镀膜在电子工业生产中得到了广泛的应用。作为电子薄膜制备中重要技术之一，溅射镀膜的基本操作方法是电子科学与技术专业学生理应掌握的基本实验技能。实验中采用直流磁控溅射镀膜设备来完成。

通过本实验，要达到如下目的和要求：

(1) 了解溅射系统中真空的获得、测量方法和系统的构成。

(2) 了解溅射沉积薄膜技术的操作方法。

(3) 掌握溅射原理，包括溅射发生的原因、辉光放电的机理、帕邢曲线等。

建议学时：4 学时

2.1.2　实验原理

直流溅射又称为阴极溅射或二极溅射。它实际上是由一对阴极和阳极组成的冷阴极辉光放电管结构。被溅射靶(阴极)和成膜的基片及其固定架(阳极)构成溅射装置的两极。如果电极都是平板状的，就称为平板型二极溅射；如果电极是同轴圆筒状的，就称为同轴型二极溅射。以平行金属板直流二极溅射为例，表示溅射镀膜的原理和基本过程如图 2.1 所示。

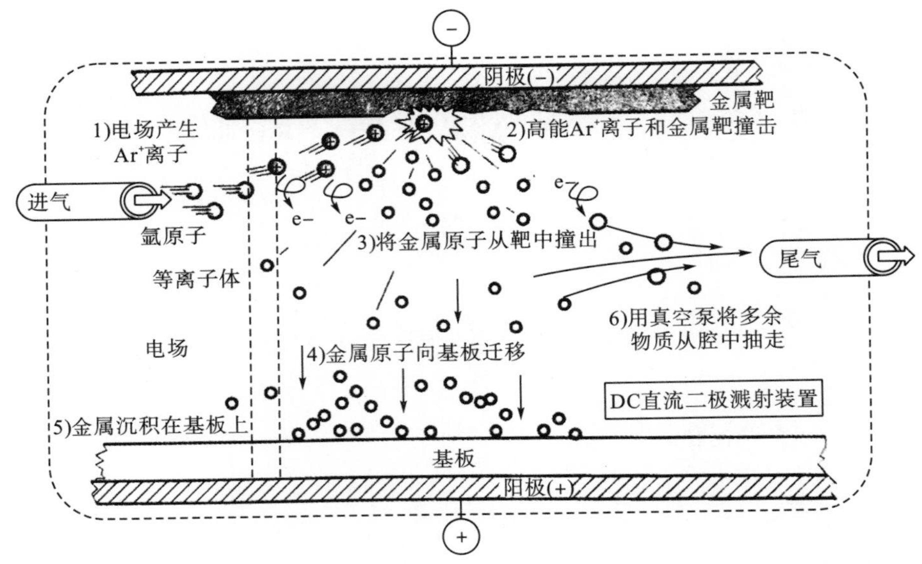

图 2.1　溅射镀膜的原理和基本过程

(1) 在真空室等离子体中产生带正电的氩离子，并向具有负电位的靶加速。

(2) 在加速过程中氩离子获得动量，并轰击靶材料。

(3) 离子通过物理过程从靶材上撞击出(溅射)原子，靶材具有所要求的材料组分。

(4) 被撞击出(溅射)的原子迁移到基板表面。

(5) 被溅射的原子在基板表面凝聚并形成薄膜，与靶材料比较，薄膜具有与它基本相同的材料组分。

(6) 剩余材料由真空泵抽走。

在直流溅射过程中，常用氩气作为工作气体。工作气压对溅射效率以及薄膜的质量都具有很大影响，在溅射装置中引入磁场，既可以降低溅射过程的气压，也可以在同样的电流和气压条件下显著提高溅射的效率和沉积速率。磁控溅射的磁场一般设置在靶材的部分表面上方，使磁场与电场方向垂直，从而将电子的运动轨迹限制到靶面附近，以提高电子碰撞和电离的效率，且有效减少了电子对阳极的衬底的轰击，对抑制衬底温度的升高起到了作用。

2.1.3　实验设备及器材

(1) 直流磁控溅射镀膜设备一台。

(2) 台阶仪一台。

(3) 数字万用表一台。

(4) 金属铜靶，玻璃载玻片若干，酒精，棉签，镊子，手套，吸耳球。

2.1.4　实验步骤

1. 清洗基片

(1) 丙酮超声清洗 15min，去油脂。

(2) 无水乙醇超声清洗 15min，去丙酮。

(3) 去离子水超声清洗 15min。

(4) 去离子水冲洗。

(5) 红外或者其他设备烘干。

2. 开机

(1) 开启冷却水循环系统和空气压缩机。按下充气阀对真空腔体充气，打开舱门，清洁真空室，放入清洗好的基片，关闭舱门。

(2) 检查各阀门应处于关闭状态。启动机械泵。

(3) 打开予阀，开始抽真空。

(4) 1 分钟后打开真空计，观察真空计读数，抽真空至 2.2Pa 左右。

(5) 旋开真空室上方氩气通入旋钮，通氩气至 5Pa。

3. 镀膜

(1) 开启溅射电源，调节溅射电流控制旋钮，维持电流 0.2A，预溅射 10min 左右。

(2) 溅射 15min 制备薄膜，观察溅射的辉光是否稳定，如断辉，需重新调节溅射电流。

(3) 溅射完毕，将溅射电流调至零，关闭溅射电源，关闭氩气通入旋钮。

4. 关机

(1) 关闭氩气、真空计、关闭予阀、关闭机械泵。

(2) 按下充气阀对真空腔体充气，打开舱门，取出样品。

(3) 重新关闭舱门，启动机械泵，开启予阀，抽真空 10min 以保护腔体。

(4) 关闭予阀，关闭机械泵，关断设备冷却水、空气压缩机、总电源。

2.1.5 样品测试及实验数据处理

(1) 描述系统组成，并画出结构示意图。

(2) 分别记录开启旋片机械泵后真空度-时间变化关系，并作图，分析真空度变化趋势发生改变的原因。

(3) 帕邢曲线。记录不同气体种类的气压-起辉电压关系，作曲线分析。分析不同气体之间有差别的原因。

(4) 记录溅射现象。观察不同气体在不同气压下的辉光放电颜色、辉光柱的长短、负辉区的变化。

(5) 采用万用表测量薄膜的表面电阻。

(6) 采用台阶仪测量薄膜的厚度，估算溅射沉积速率。

表 2-1 实验数据记录表

薄膜颜色	辉光放电颜色	沉积时间/min	溅射功率/W	电阻/Ω	薄膜厚度/nm	沉积速率

2.1.6 实验思考题

(1) 为什么通常采用氩气作为工作气体？

(2) 为什么不能用手直接接触真空腔体及样品表面？

2.2 真空热阻蒸发镀膜实验

2.2.1 实验目的

电阻蒸发镀膜是电子薄膜制备的主要技术方法之一，基于该原理的 MBE、PLD 等高质量电子薄膜制备方法被广泛应用于半导体制造、发光二极管(LED)和太阳能电池制备等高新技术行业，因此电阻蒸发是电子薄膜制备中重要的基础性技术。蒸发沉积薄膜的基本操作方法是电子科学与技术专业学生理应掌握的基本实验技能，相关工艺参数对薄膜微结构和均匀性的影响也是该专业学生需要了解的基本知识。实验中采用电阻蒸发镀膜设备来完成这一工作。

通过本实验，要达到如下目的和要求：

(1) 了解蒸发系统中真空的获得、测量方法，系统的构成。

(2) 了解蒸发沉积薄膜技术的操作方法。

(3) 掌握蒸气压、蒸发温度、蒸发源对薄膜表面平整度、缺陷浓度及厚度均匀性的影响。

建议学时：4 学时

2.2.2　实验原理

真空蒸发镀膜首先需要把装有基片的真空室抽成真空，使气体压强达到 10^{-2}Pa 以下，然后加热镀料，使其原子或分子从镀料表面气化逸出，形成蒸气流，入射到基片表面，凝结形成固态薄膜。如图 2.2，真空蒸发设备主要由真空镀膜室和真空生成系统两大部分组成。真空镀膜室内装有蒸发源、被蒸镀材料、基片支架及基片等。

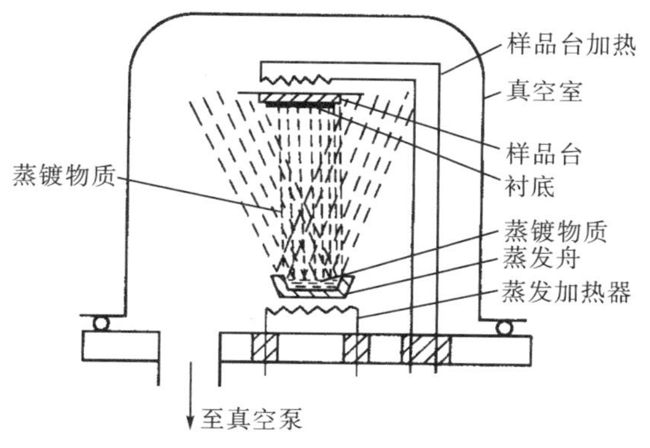

图 2.2　真空蒸发镀膜示意图

要实现真空蒸镀，必须有“热”的蒸发源、“冷”的基片、周围的真空环境，三者缺一不可。尤其对真空环境的要求很高，原因是：①防止在高温下空气分子和蒸发源发生反应，生成化合物而使蒸发源劣化；②防止蒸发物质的分子在蒸镀室内和空气分子碰撞从而阻碍蒸发分子直接到达基片表面，以及在途中生成化合物，或由于蒸发物分子间的相互碰撞而在到达基片之前就凝聚；③在基片上形成薄膜的过程中，防止空气分子作为杂质混入膜内或者在薄膜中形成化合物。

本实验采用旋片机械泵和油扩散泵串联，先开启机械泵将真空度降低至 1Pa 以下，然后开启扩散泵，待扩散泵预热完毕后开启高阀，将真空度降低至 5×10^{-3}Pa。在真空腔中，采用大电流对钼舟进行电阻加热，使得钼舟中的金属铝升温，当其加热到铝原子能够脱离铝块的束缚，就会气化形成铝的蒸气流，入射到基片表面，被基片吸附从而凝结下来形成金属铝薄膜。

为了保证原子按固定方向飞行，必须保证较高的真空度，使得原子在到达基片前不会受到碰撞而改变方向。机械泵和扩散泵的抽气速率与其工作原理紧密相关。薄膜沉积的速率由蒸发舟的温度控制，温度越高，铝的饱和蒸气压越大，沉积越快。薄膜沉积厚度可由沉积时间控制或原料量控制(当原料被完全蒸发时，薄膜沉积完毕)。薄膜厚度分布与蒸发源类型，源基距(蒸发源到基片距离)等因素相关。当采用蒸发舟进行蒸发时，蒸发源的发射特性可以用小平面源来描述，如图 2.3 所示。小平面源的蒸发特性符合余弦定律，即在 θ 角方向蒸发的材料质量与 $\cos\theta$ 成正比，距离越远，薄膜分布越均匀。

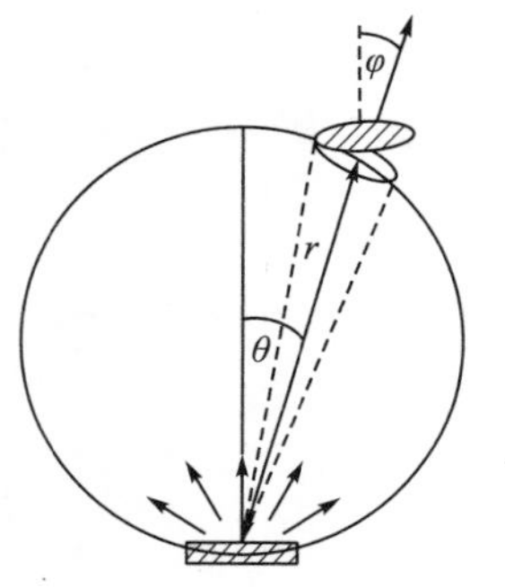

图 2.3 小平面源蒸发特性

$$\frac{t}{t_0}=\frac{1}{[1+(x/h)^2]^2}$$

上式为距离基片中心 x 处的薄膜厚度 t 与基片中心的薄膜厚度 t_0 之比，其中 h 为靶基距。

实验中，控制加热电流，基片位置和铝块的质量会改变薄膜的均匀性，观察薄膜表面形貌，缺陷和薄膜厚度均匀性的变化情况。

2.2.3 实验设备及器材

(1) 电阻蒸发镀膜设备一台。

(2) 原子力显微镜一台，台阶仪一台。

(3) 万用电表一台，钼蒸发舟一只。

(4) 金属铝，玻璃载玻片若干，酒精，棉签，镊子，手套，吸耳球。

电阻蒸发镀膜设备是微电子器件和电子薄膜制备中应用非常广泛的一类设备，在此对本实验所采用的设备的工作原理及基本使用方法进行简单介绍。

R250 型阻蒸镀膜机是一种超小型真空镀膜机，真空室采用立式、前开门箱式结构，箱体尺寸为 Φ250mm×H250mm；两个阻蒸蒸发源装在真空室下方中央；蒸发源上方 100mm 处配有基片台，基片台上方 10mm 处装有基片烘烤装置。真空抽气系统主泵采用 K-150 型扩散泵，前级配 2X-8 型机械泵。配有一台电阻规-电离规组合真空计测量高低真空。蒸发源由两对水冷电极等组成，钨钼蒸发舟或螺旋状蒸发丝均可用，蒸发舟或蒸发丝的夹持长度约 60mm。设备的控制面板如图 2.4 所示。

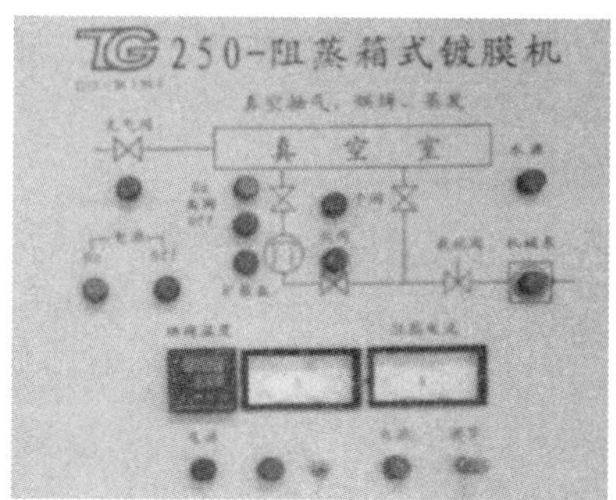

图 2.4　R250 型阻蒸镀膜机

2.2.4　实验步骤

1. 清洗基片

(1) 丙酮超声清洗 15min，去油脂。
(2) 无水乙醇超声清洗 15min，去丙酮。
(3) 去离子水超声清洗 15min。
(4) 去离子水冲洗。
(5) 红外或者其他设备烘干。

2. 开机

(1) 开启冷却水循环系统和空气压缩机。按下充气阀对真空腔体充气，打开舱门，清洁真空室，装好基片，安装好蒸发舟，并在蒸发舟中装好待蒸发的铝颗粒，用万用电表检测蒸发舟连通后，关闭舱门。

(2) 检查各阀门应处于关闭状态。启动机械泵。

(3) 开启低阀，对扩散泵抽气。此时予阀、高阀、真空室放气阀、泵放气阀均处于关闭状态。

(4) 定期切换低阀和予阀，使真空腔体和扩散泵内的气压保持在 2Pa 以下。

(5) 按下扩散泵开关，开始进行扩散泵予热。

3. 镀膜

当扩散泵予热完成后(约 20min)：

(1) 关闭予阀，开启低阀，再开启高阀，这时对真空室抽高真空。

(2) 当真空达到所需 5×10^{-3}Pa 时，开启镀膜开关，慢慢调节电位器，将加热电流调至 30A，然后每稳定 1min 后增加 10A，直至 60～70A，蒸发源即慢慢发红，直到发亮并开始蒸发。蒸发持续一段时间后，气压短暂升高后重新出现下降，将电位器调回零位(即起始位置，反时针到头)，关闭镀膜开关。

4. 关机

(1) 关闭高阀，关闭扩散泵(按下扩散泵“关”按钮)，关闭真空计。

(2) 待扩散泵冷却后(约 20min)，先后关闭低阀和机械泵。按下充气阀对真空腔体充气，打开舱门，取出样品。

(3) 重新关闭舱门，启动机械泵，开启予阀，抽取真空 10min 以保护腔体。

(4) 关闭予阀，机械泵，关断设备冷却水、空气压缩机、总电源。

2.2.5 样品测试及实验数据处理

(1) 描述系统组成，并画出结构示意图。

(2) 分别记录开启旋片机械泵和油扩散泵后真空度-时间变化关系，并作图，分析真空变化趋势发生改变的原因。

(3) 以小平面源为模型，计算薄膜的厚度分布。

(4) 分别用台阶仪和万用电表测量基片不同位置薄膜的膜厚及电阻。并作出不同位置薄膜厚度的变化曲线图，与上述薄膜厚度计算值相比较并分析原因。

(5) 采用 AFM 观察薄膜的表面微观形貌。

表 2-2 实验数据记录表

位置/cm	−2	−1.5	−1	−0.5	0	0.5	1	1.5	2
薄膜厚度/nm									
电阻/Ω									

2.2.6　实验思考题

(1) 扩散泵与机械泵抽气原理有何不同?

(2) 如何改善薄膜厚度的均匀性?

2.3　电子束蒸发镀膜实验

2.3.1　实验目的

电阻蒸发法在实验室中较为常用，单电阻加热装置的缺点之一是来自坩埚、加热元件以及支撑部件的可能污染。另外，电阻蒸发法的加热功率或加热温度也有一定的限制。因此电阻加热法不适用于高纯或难熔物质的蒸发。电子束蒸发法正好克服了电阻蒸发法的上述两个不足，因而它已成为蒸发法高速沉积高纯物质薄膜主要的方法之一。电子束蒸发是电子薄膜制备中常用的基础性技术，需要掌握其基本工作原理和操作方法。

通过本实验，要达到如下目的和要求：

(1) 了解电子束蒸发系统的构成。

(2) 了解电子束蒸发沉积薄膜技术的操作方法。

建议学时：4 学时

2.3.2　实验原理

电子束蒸发采用直接加热，效率高，能量密度大，可以用来蒸发熔点高、平衡蒸气压较低的金属或氧化物。采用冷坩埚避免坩埚材料参与反应，从而提高了薄膜纯度。如图 2.5 所示，在电子束加热装置中，被加热的物质被放置于水冷的坩埚中，电子束只轰击到其中很少的一部分物质，而其余的大部分物质在坩埚的冷却作用下一直处于很低的温度，即后者实际上变成了被蒸发物质的坩埚。由加热的灯丝发射出的电子束受到数千伏的偏置电压加速，并经过横向布置的磁场偏转 270°后到达被轰击的坩埚处。磁场偏转法的使用可以避免沉积过程中灯丝材料的蒸发对薄膜可能造成的污染。但电子束蒸发方法也有缺点，如电子束的绝大部分能量要被坩埚的水冷系统带走，因此其热效率较低，且过高的加热功率也会对整个薄膜沉积系统形成较强的热辐射。

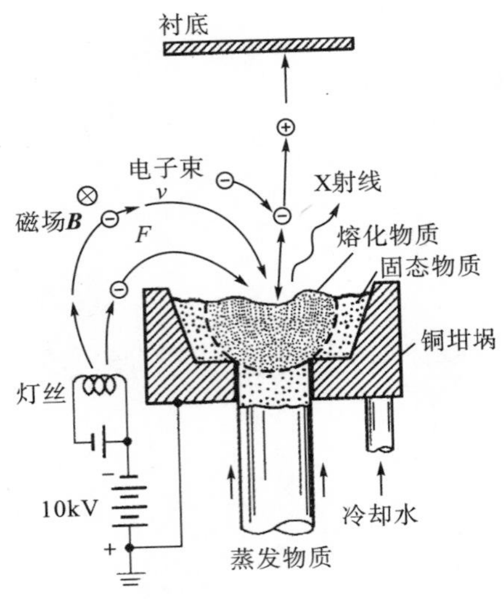

图 2.5 电子束蒸发装置的示意图

本实验在真空度为 5×10^{-3}Pa 的真空腔中，用电子束加热水冷铜坩埚中的氧化铝颗粒使其熔融或升华气化，当蒸发物质到达基片表面时，被基片吸附从而凝结下来形成 Al_2O_3 薄膜。蒸发物质保证分子按固定方向飞行，必须保证较高的真空度使得分子在到达基片前不会受到碰撞而改变方向。

2.3.3 实验设备及器材

(1) 电子束蒸发镀膜设备一台。

(2) 原子力显微镜一台，台阶仪一台。

(3) 氧化铝颗粒，玻璃载玻片若干，酒精，棉签，镊子，手套，吸耳球。

本实验所采用的电子束蒸发镀膜设备的工作原理及基本结构如下：

250 型电子束蒸发镀膜机是一种超小型真空镀膜机，真空室采用立式、前开门箱式结构，箱体尺寸为 Φ250×H250mm。单源电子枪蒸发源装在真空室底板中央。蒸发源上方 100mm 处配有基片台，基片台上方 10mm 处装有基片烘烤装置，基片烘烤装置上方 10mm 处装有热反射屏等。电子枪设计成单坩埚、永磁体结构，无偏转线圈。电子枪高压可调节，以便调节电子枪的束斑位置。电子枪为 270°磁偏电子枪。电子枪蒸发源由包括坩埚在内的电子枪主体、2 个高压电极、1 个耐高压枪灯丝变压器、1 个电子枪电源柜(包括 6kV 高压电源、高压灭弧单元、枪灯丝和束流控制单元、手控盒)等组成。真空抽气系统主泵采用 K-150 型扩散泵，前级配 2X-8 型机械泵。配有一台电阻规-电离规组合真空计测量高低真空。设备的控制面板如图 2.6 所示。

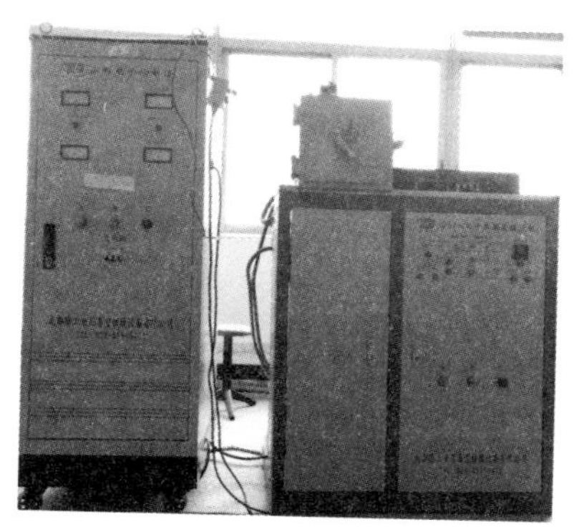

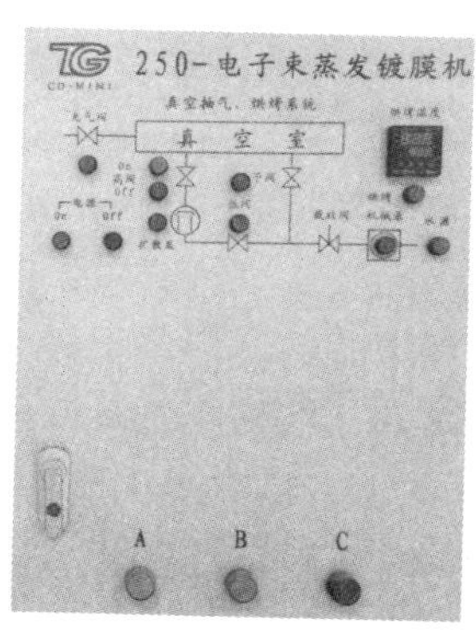

图 2.6　250 型电子束蒸发镀膜机

2.3.4　实验方法和步骤

1. 开机

(1) 开启冷却水循环系统和空气压缩机。按下充气阀对真空腔体充气，打开舱门，清洁真空室，在坩埚中装入待蒸发的镀料氧化铝颗粒，安装好被镀基片，关闭舱门。

(2) 检查各阀门应处于关闭状态。启动机械泵，机械泵应无异样响声。

(3) 开启低阀，对扩散泵抽气。此时予阀、高阀、真空室放气阀、泵放气阀均处于关闭状态。

(4) 定期切换低阀和予阀，使真空腔体和扩散泵内的气压保持在 2Pa 以下。

(5) 按下扩散泵开关，开始进行扩散泵予热。

2. 镀膜

当扩散泵予热完成后(约 20min)：

(1) 关闭予阀，开启低阀，再开启高阀，这时对真空室抽高真空。

(2) 当气压达到 5×10^{-3}Pa 后，开启电子枪电源，开启高压电源，开启枪灯丝电源。

(3) 调节手持控制端束流旋钮，调节灯丝电流至 0.3A，预热灯丝 3min 后，开启高压至 5.5～6kV。

(4) 继续增大束流旋钮缓慢增加束流至 40mA，蒸发 20min，观察电子束轰击靶材及真空室气压变化的现象。

(5)逆序关闭电子枪，关闭高压和束流，关闭电子枪电源。

3. 关机

(1)关闭高阀，关闭扩散泵(按下扩散泵“关”按钮)。关闭真空计。

(2)待扩散泵冷却后(约 20min)，先后关闭低阀和机械泵。按下充气阀对真空腔体充气，打开舱门，取出样品。

(3)重新关闭舱门，启动机械泵，开启予阀，抽取真空 10min 以保护腔体。

(4)关闭予阀，机械泵，关断设备冷却水、空气压缩机、总电源。

2.3.5 样品测试及实验数据处理

(1)描述系统组成及工作原理，并画出结构示意图。

(2)采用 AFM 观察薄膜的表面形貌与结构。

(3)采用台阶仪测量基片薄膜的膜厚，并推算 Al_2O_3 薄膜的沉积速率。

2.3.6 实验思考题

(1)电阻蒸发与电子束蒸发有何不同?

(2)列举几种常见的电子束蒸发的镀料。

2.4 射频磁控溅射镀膜实验

2.4.1 实验目的

在制备电导率较低的化合物类薄膜，如 Al_2O_3、ZrO_2、Si_3N_4 时，可以考虑以化合物为靶材，使用射频溅射的方法。本实验内容为在硅基片上采用射频溅射方法制备 ZnO 薄膜，包括基片的准备和清洗，真空生成与检测，以及射频磁控溅射。作为电子薄膜制备中重要基础性技术之一，射频磁控溅射镀膜的工作原理和基本操作方法是电子科学与技术专业学生理应掌握的基本实验技能。

通过本实验，要达到如下目的和要求：

1. 了解射频磁控溅射系统中真空的获得、测量方法和系统的构成。
2. 掌握射频磁控溅射沉积薄膜技术的操作方法。
3. 在硅基片上制备 ZnO 薄膜。

建议学时：4 学时

2.4.2　实验原理

射频磁控溅射可用于金属、合金、陶瓷、有机高分子材料等多种材料的溅射沉积制备，具有稳定性好、薄膜均匀、附着力好等优点。它的基本原理是在交变电场和磁场的作用下产生等离子体，被加速的高能粒子轰击靶材表面，使靶材表面的原子脱离原固体表面而逸出，转移到基片表面沉积成膜。磁控溅射设备通常是在阴极靶的表面上方形成一个正交电磁场，当溅射产生的二次电子被加速为高能电子后，并不会直接飞向阳极，而是在正交电磁场的作用下来回振荡作近似摆线地运动。高能电子不断地与气体分子发生碰撞并向后者转移能量，使之电离形成低能电子。这些低能电子最终沿磁力线漂移到阴极附近，被辅助阳极吸收，避免了高能电子对极板的强烈轰击，去除了二极溅射中极板被轰击加热和被电子辐照引起损伤的情况。由于外加磁场的存在，电子的复杂运动增加了气体分子的电离率，从而实现高速溅射，射频磁控溅射的原理如图 2.7 所示。

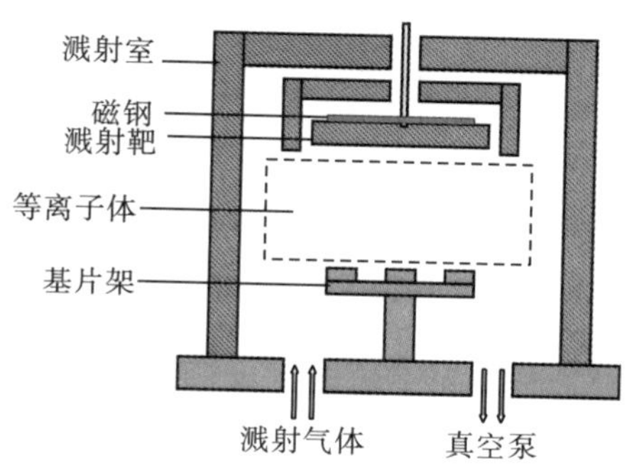

图 2.7　射频磁控磁溅射设备的原理图

2.4.3　实验设备及器材

(1) 射频磁控溅射镀膜设备一台。

(2) 超声清洗仪一台，AFM 一台，台阶仪一台。

(3) 氧化锌靶材，硅基片，烧杯，酒精，去离子水，棉签，镊子，手套，吸耳球。

本实验所采用的射频磁控溅射镀膜设备为一款小型的射频等离子体磁控溅射镀膜仪系统，系统中包含了所有 300W(13.5MHz) 的射频电源、2 英寸的磁控溅射靶枪、石英真空腔体、分子泵和温度控制器、循环冷水机等。能够实现对金属、陶瓷、有机高分子材料的溅射沉积。透明的石英腔体便于学生观察制备过程中的实验现象，

极限真空度可达到 10^{-5}Torr（1.333×10^{-3}Pa），配备机械泵和涡旋分子泵，载样台可旋转，尺寸为直径 50mm，样品的最高加热温度为 700℃，设备的外观如图 2.8 所示。

图 2.8 射频磁控溅射镀膜机

2.4.4 实验步骤

1. 基片清洗

(1) 丙酮超声清洗 5min，去油脂。
(2) 无水乙醇超声清洗 5min，去丙酮。
(3) 去离子水超声清洗 5min。
(4) 去离子水冲洗。
(5) 红外或者其他设备烘干。

2. 射频溅射镀膜

(1) 熟悉系统结构和操作步骤。
(2) 放置靶材：注意靶材与螺纹旋套之间应留有 1～3mm 的空隙。
(3) 系统启动，依次打开总电源按钮、水冷系统电源按钮以及真空操作电源按钮，慢慢旋开连接真空泵的阀门，最后打开真空泵的启动按钮。
(4) 设备启动后，缓慢通入氩气，通过仪器上的进气速率控制旋钮，使氩气缓慢通入（防止气体进入过多损坏分子泵）。
(5) 使用温控系统设置升温曲线：注意设置完成后一定要加“-121”停止命

令，同时加热升温时，升温速率控制在 5℃/min。

(6) 设置好温控系统后，打开射频溅射控制台电源，通过射频溅射控制台设置溅射功率，然后点击启动按钮，进行射频溅射。

(7) 溅射完毕，先关闭溅射设备，再关闭进气系统。等再抽一会儿真空后，关闭真空系统。真空系统关闭时，先旋紧连接阀门，然后关闭真空泵上的启动按钮，一般等待 15～30min，等真空分子泵完全停止后(听不到分子泵运作的声音)，方可关闭工作台上的真空电源按钮。

(8) 水冷系统一般等真空室温度下降至室温后关闭。

2.4.5　样品测试及实验数据处理

(1) 描述系统组成，并画出结构示意图。

(2) 分别记录开启旋片机械泵和涡轮分子泵后的真空度-时间变化关系，并作图，分析真空变化趋势发生改变的原因。

(3) 记录溅射现象。观察不同气体在不同气压下的辉光放电颜色、辉光柱的长短、负辉区的变化。

(4) 采用台阶仪测量薄膜的厚度，估算溅射沉积速率。

表 2-3　实验数据记录表

薄膜颜色	辉光放电颜色	沉积时间/min	溅射功率/W	沉积温度/℃	薄膜厚度/nm	沉积速率/(nm/min)

2.4.6　实验思考题

(1) 分子泵、扩散泵和机械泵抽气原理有何不同？

(2) 为什么直流不能溅射介质靶材而射频能够溅射？

2.5　薄膜的微结构及形貌分析实验

2.5.1　实验目的

AFM 是检测微纳材料表面微观结构的必要工具，由于其具有纳米级的分辨率，目前已经被广泛应用在表面物理、化学、材料科学、生命科学、工业生产等多个领域，是实验室微纳材料检测的必备仪器。因此电子材料专业的学生需学会使用 AFM 检测表面纳米级起伏的样品二维和三维结构，测量结构颗粒大小，微观表面呈结构尺寸，并由此得到样品表面物理化学性能，从而掌握这一研究纳米材料表面结构和微观物理性能的重要手段。

通过本实验，要达到如下目的和要求：

(1) 理解接触模式和非接触模式下 AFM 的工作原理。

(2) 了解 AFM 使用的主要事项。

(3) 掌握使用 AFM 测量薄膜表面形貌及粗糙度的方法及步骤。

建议学时：2 学时

2.5.2 实验原理

测量薄膜表面形貌及粗糙度通常使用 AFM，它是一种可用来研究包括绝缘体在内的固体材料表面结构的分析仪器。当原子间距离减小到一定程度以后，原子间的作用力将迅速加大。因此由显微探针受力的大小就可以直接换算出样品表面的高度，从而获得样品表面形貌的信息。

通过检测样品表面和一个微型力敏感元件之间的极微弱的原子间作用力，将对微弱力极端敏感的悬臂梁一端固定，另一端的微小针尖接近样品，这时针尖将与样品表面相互作用，作用力使得悬臂梁发生形变或运动状态发生变化。扫描样品时，利用传感器检测这些变化，就可获得作用力分布信息，从而以纳米级分辨率获得样品表面结构信息。AFM 具有分辨率高、非破坏性、应用范围广和数据处理功能强的优势。

AFM 根据接触形式可分为：

(1) 接触式：利用探针和样品表面之间的原子力交互作用(一定要接触)，此作用力(原子间的排斥力)很小，但由于接触面积很小，因此过大的作用力仍会损坏样品，尤其对软性材质，不过较大的作用力可得到较佳分辨率，所以选择适当的作用力便十分的重要。由于排斥力对距离非常敏感，所以较易得到原子级分辨率。

(2) 非接触式：为了解决接触式 AFM 可能破坏样品的缺点，便有非接触式 AFM 被发展出来。这是利用原子间的长距离吸引力来实现，由于探针和样品没有接触，因此样品没有被破坏的问题，不过原子间吸引力对距离的变化敏感度非常小，所以必须使用调变技术来增加信号噪声比。在空气中由于样品表面水膜的影响，其分辨率一般只有 50nm，而在超高真空中可得原子级分辨率。

(3) 轻敲式：将非接触式 AFM 改良，将探针和样品表面距离拉近，增大振幅，使探针在振荡至波谷时接触样品，由于样品的表面高低起伏，使得振幅改变，再利用接触式的回馈控制方式，便能取得高分辨率影像。分辨率介于接触式和非接触式之间，破坏样品的几率大为降低，且不受横向力的干扰。不过对很硬的样品而言，针尖可能受损。

2.5.3　实验设备及器材

Naio AFM 测试仪一台，笔记本电脑，连接线，镊子，双面胶。

本实验所采用的 AFM 设备是集控制器、扫描器、光学辅助系统与防震隔声装置于一体的小型显微镜系统。扫描方式为针尖上部扫描。测量模式有静态力模式、动态力模式、相位成像模式、磁力模式、静电力模式和刻蚀模式等，造影水平在动态力模式下为 0.5nm(最大 0.8nm)，可用于材料微纳米级的表面结构和性能分析、尺寸测定、表面粗糙度测定、颗粒度解析、突起与凹坑统计、成膜条件评价、保护层的尺寸台阶测定等。本实验中 AFM 用于检测样品表面的微观结构，通过软件的自动数据处理和分析，可得到样品表面起伏信息和表面粗糙度。

AFM 操作需注意在装好样品后开始手动下降探针时，手动逼近一定不能过度，否则会损坏针尖甚至损坏设备。

2.5.4　实验步骤

(1) 安装好待测样品，样品大小需控制在 12mm×12mm 内，厚度不超过 2mm。如需更换针尖需专人操作。

(2) 确认设备和计算机连接良好，插上电源，打开设备后面的开关。

(3) 在计算机上打开设备的控制软件，其操作界面如图 2.9 所示。

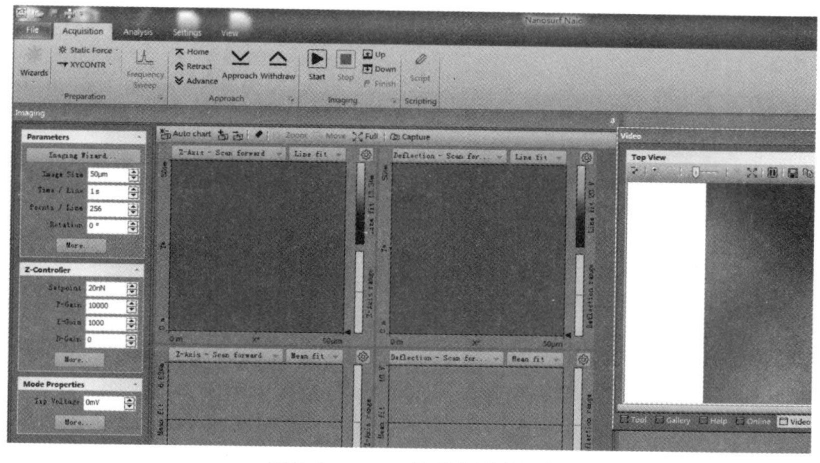

图 2.9　AFM 软件操作界面

(4) 在界面顶端有“File”“Acquisition”“Analysis”“Setting”“View”五项。

(5) 选择“Acquisition”，将其正下方的“Static Force”(静态力)模式改为“Dynamic Force”(动态力)模式。再下来是针尖选型，根据实际所用针尖进行选择，实验室现用针尖型号为“Tap190Al-G”，操作界面如图 2.10 所示。

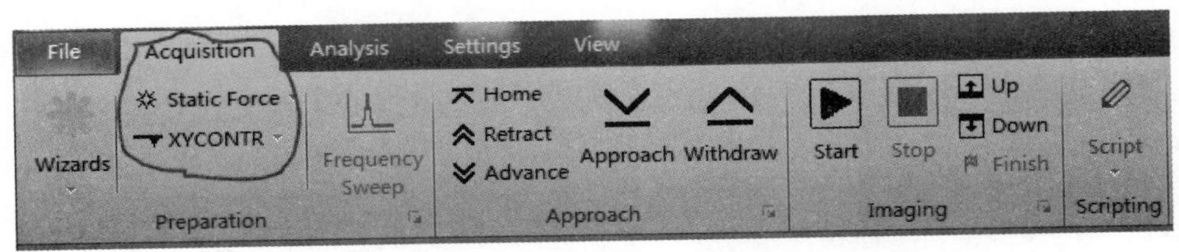

图 2.10　AFM 软件操作界面的菜单

(6) 将左上方第一个小窗口“Parameters”里面的“Image Size”(扫描范围)设置为 0，如图 2.11 所示。

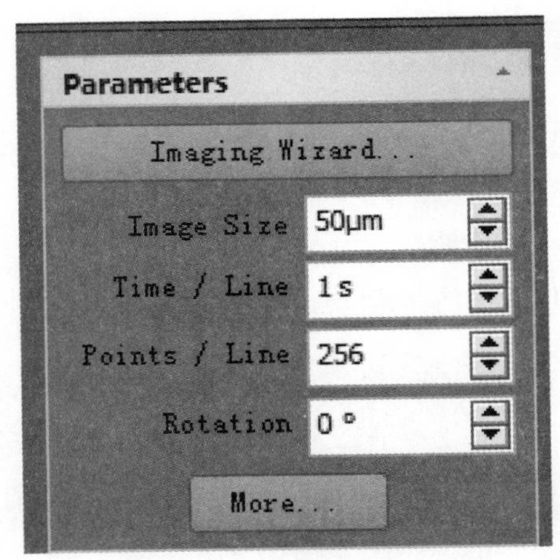

图 2.11　参数设置窗口

(7) 在针尖与基片距离较远的情况下，先点击“Advance”手动逼近基片，时刻观察两者距离，当距离较近(约 2mm)后，点击“Approach”使之自动逼近，当逼近完毕后，若需调节样品位置，必须先点击“Retract”使针尖抬起一定高度，然后再轻旋设备上的 *X-Y* 调节旋钮，调节完毕后点击“Approach”使之重新自动逼近，如图 2.12 所示。

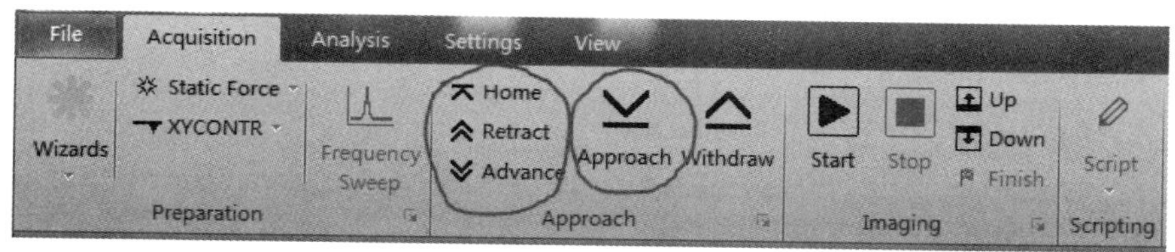

图 2.12　操作菜单栏

(8) 逼近完毕后调节左上方小窗口里的参数，根据不同样品，参数设置不同，"Image Size"指针尖扫描范围，薄膜样品可设为 20μm，"Time/Line"指扫描一条线的时间，一般不能小于 0.5s(否则失真严重)，"Points/Line"指扫描一条线的打点数，一般保持默认 256，"Rotation"指扫描线与水平方向夹角。每次输入参数后，需按"Enter"。下面两个小窗口一般保持默认无需调节。

(9) 参数设定完毕后，点击上面控制栏"Start"按钮，如果确定当前区域是待观察区域，再点击"Finish"，这样扫描完当前区域设备会自动停止，否则将来回扫描。扫描过程中若需停止，点击"Stop"。

(10) 实验完毕后，点击"Home"使针尖回到最高位置。

2.5.5　样品测试及实验数据处理

(1) 使用 AFM 测试分析薄膜的表面微区，保存分析数据结果。

(2) 分析薄膜的平均粗糙度和均方粗糙度，根据扫描得出的数据作三维立体图。

2.6　薄膜厚度及电输运性能测试

2.6.1　实验目的

台阶仪是纳米材料、薄膜材料表面和微结构分析的重要测试设备，是薄膜材料研发必不可少的微区结构表征手段之一，本书的实验中经常采用该设备测量电子薄膜的厚度，学会使用台阶仪的操作方法是研究电子薄膜材料所需掌握的重要技能之一。另一方面，在面向电子科学与技术专业的实验课程中，对电子材料的电性能测试一直以来都是不可或缺的一部分实验内容。尤其是基于霍尔效应的电输运性能测量系统，是广泛应用于电子材料实验教学中的教学测试设备。

通过本实验，要达到如下目的和要求：

(1) 了解台阶仪的工作原理和特点。

(2) 掌握使用台阶仪进行薄膜厚度测量的方法和步骤。

(3) 理解霍尔效应测试原理，了解电输运测试仪的工作原理，熟悉其操作流程。

(4) 测量 ZnO 薄膜的电阻率、载流子浓度和迁移率。

建议学时：2 学时

2.6.2 实验原理

典型的薄膜厚度范围为 1Å～200μm，对薄膜厚度测量的方法常见的有机械方法和光学方法两大类。机械方法具有不受材料限制、可测量金属膜、可测量粗糙表面、不受薄膜厚度限制等优点，但同时也具有无法测量多层薄膜、需要校准、样品尺寸大小限制严重等缺点。机械方法还可分为紧密接触方式和少量接触方式，前者有表面形貌仪、台阶仪等，后者常见的有 AFM、TEM、SEM 等。光学方法则可分为反射干涉法和偏振光反射测量法，常用的椭偏仪利用的就是偏振光反射的光学原理，它的特点是可以同时对透明薄膜的光学常数和厚度进行精确测量，缺点是原理和计算都比较复杂。

本实验中我们采用台阶仪测量薄膜的厚度，属于接触式表面形貌测量仪器，被测的薄膜样品须留有台阶，即薄膜边缘与未镀膜的基片部分形成的台阶。台阶仪的测量原理是：当触针沿被测表面轻轻滑过时，由于样品表面有微小的峰谷使触针在滑行的同时沿峰谷作上下运动。触针的运动情况就反映了表面轮廓的情况。传感器输出的电信号经测量电桥后，输出与触针偏离平衡位置的位移成正比的调幅信号，经放大与相敏整流后，可将位移信号从调幅信号中解调出来，得到放大了的与触针位移成正比的缓慢变化信号，再经过噪声滤波器和波度滤波器进一步滤去调制频率、外界干扰信号以及波度等因素对粗糙度测量的影响部分，台阶仪工作原理如图 2.13 所示。

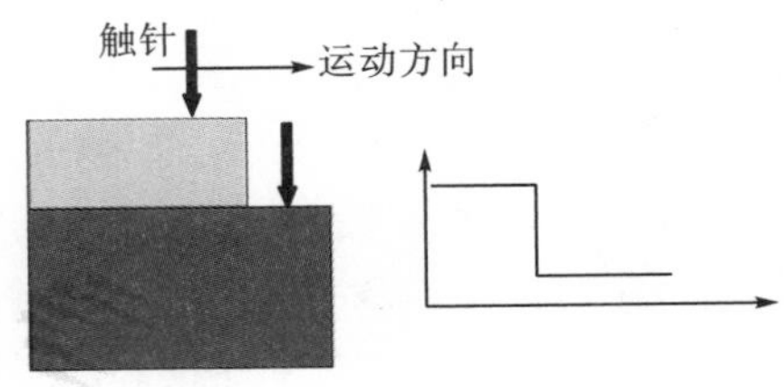

图 2.13 台阶仪工作原理示意图

根据使用传感器的不同，接触式台阶测量可以分为电感式、压电式和光电式 3 种。电感式台阶仪采用电感位移传感器作为敏感元件，测量精度高、信噪比高，但电路处理复杂；压电式台阶仪的位移敏感元件为压电晶体，其灵敏度高、结构简单，但传感器低频响应不好，且容易漏电造成测量误差；光电式台阶仪是利用光电元件接收透过狭缝的光通量变化来检测位移量的变化。

台阶仪的缺点在于：①由于测头与测件相接触造成测头变形和磨损，使仪器在使用一段时间后测量精度下降；②测头为了保证耐磨性和刚性而不能做得非常细小尖锐，如果测头头部曲率半径大于被测表面上微观凹坑的曲率半径，必然造成该处测量数据的偏差；③为使测头不至于很快磨损，测头的硬度一般都很高，因此不适用于精密零件及软质材料表面的测量。

电输运测试原理基于霍尔效应，运动的带电粒子在磁场中受洛伦兹力作用而发生偏转，当载流子(电子或空穴)被约束在固体材料中，这种偏转就导致在垂直电流和磁场的方向上产生正负电荷的积聚，从而形成附加的横向电场即霍尔电场。该电场阻止载流子继续向侧面偏移，随电荷的积累会达到平衡状态。人们常采用范德堡方法来测量任意形状且厚度均匀的薄膜样品，如图 2.14 所示，在样品侧边制作四个对称的电极，测量电阻率时，依次在一对相邻的电极间通电流，在另一对电极之间测电位差，得到电阻 R，代入公式得到电阻率 ρ。计算方式如下：

$$R_{AB,CD}=V_{CD}/I_{AB} \tag{2-1}$$

$$R_{BC,DA}=V_{DA}/I_{BC} \tag{2-2}$$

$$\rho=\pi d/\ln 2\times(R_{AB,CD}+R_{BC,DA})/2\times f(R_{AB,CD}/R_{BC,DA}) \tag{2-3}$$

其中 d 为样品厚度，f 为范德堡因子，是比值 $R_{AB,CD}/R_{BC,DA}$ 的函数。这种方法对于样品形状没有特殊要求，但是要求薄膜样品的厚度均匀，电阻率均匀，表面是连通的(即没有孔洞)。此外，A、B、C、D 四个接触点要尽可能小(远远小于样品尺寸)，并且这四个接触点必须位于薄膜的边缘。

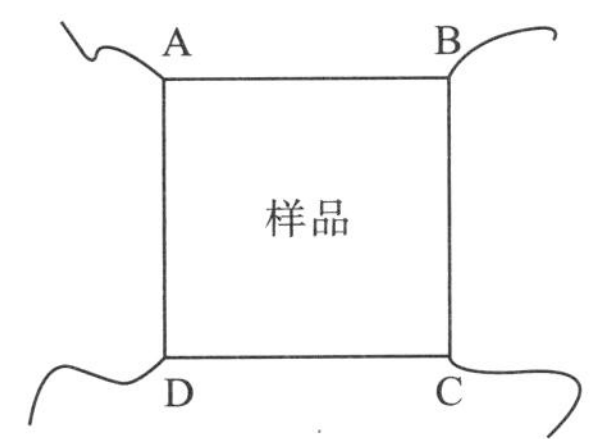

图 2.14　范德堡方法测量示意图

不过在实际测量中，为了简化测量和计算，常常要求待测薄膜为正方形，这是由于正方形具有很高的对称性，正方形材料的四个顶点从几何上说是完全等效，因而可推知电阻值 $R_{AB,CD}$ 和 $R_{BC,DA}$ 在理论上也应该是相等的。查表可知，当

$R_{AB,CD}+R_{BC,DA}=1$ 时，$f=1$。因此，最终电阻率的公式可简化为

$$\rho=\pi d R_{AB,CD}/\ln 2 \tag{2-4}$$

其中 $R_{AB,CD}$ 计算方法为在一对相邻的电极(A，B)通电流，另一对电极(C，D)之间测电位差，得到电阻 R。但是由于材料切割工艺等原因，测得的数据在数值上完全相等不可能严格达到，因此在测量电阻率的时候用 A、B、C、D 四点轮换通电测量和反向测量的方法得到八个电阻值，这八个电阻值在理论上应该是完全相等的，因此可取这八个电阻值的平均值作为测量值 R 以减小测量误差。用电输运测试仪测试薄膜，须提供准确的薄膜厚度，且被测薄膜必须为导体或者半导体，绝缘体无法进行测试。

2.6.3 实验设备与器材

台阶仪测试设备一整套(台阶仪本体、隔震台、电脑)、Honor Top 电输运测试系统、计算机一台。

本实验所采用的台阶仪(DEKTAK XT)主要包括主机、光学观测系统、控制主机及附件、样品台和探针等。其中控制主机包括仪器控制软件、数据通信附件、视频捕捉附件和数据处理工具等。该台阶仪主要应用于薄膜厚度测量、物体表面形貌测量、应力测量和平整度测量等精密测量领域。

台阶仪在操作时需注意：①测量样品的台阶较大时，为避免损坏探针，测量探针应按照从台阶上往台阶下的方向进行扫描测试；②台阶仪测试样品厚度最大不超过 1mm，且测量未知台阶高度的样品时，应先选用 1mm 最大量程粗略测试样品厚度，然后再选用合适的量程进行精确测量；③在探针运行时如果发生卡顿现象，应立即按下红色“Emergency”按钮停止。

电输运测试系统由磁场发生线圈、MODEL902 高斯计、MODEL101 电输运 I-V 综合测试仪、F2030 恒流源、样品操作板和计算机组成，如图 2.15。其中，F2030 恒流源给磁场发生线圈提供电流产生磁场；MODEL902 高斯计测量线圈产生的均匀磁场值；MODEL101 电输运 I-V 综合测试仪一方面给样品提供电流，用于电输运测试，一方面可以测量样品电压。被测样品置于样品操作板上，四根铜针将其固定，并作为四个测试点。计算机连接 MODEL902 高斯计、MODEL101 电输运 I-V 综合测试仪和 F2030 恒流源，通过软件控制被测样品的电流和磁场值，并获取测得的电压值。

电输运测试操作中需注意：①放置样品时应小心调整四个探针的位置，使其夹持稳定不脱落；②避免长时间测量，磁铁发热会影响测试准确性。

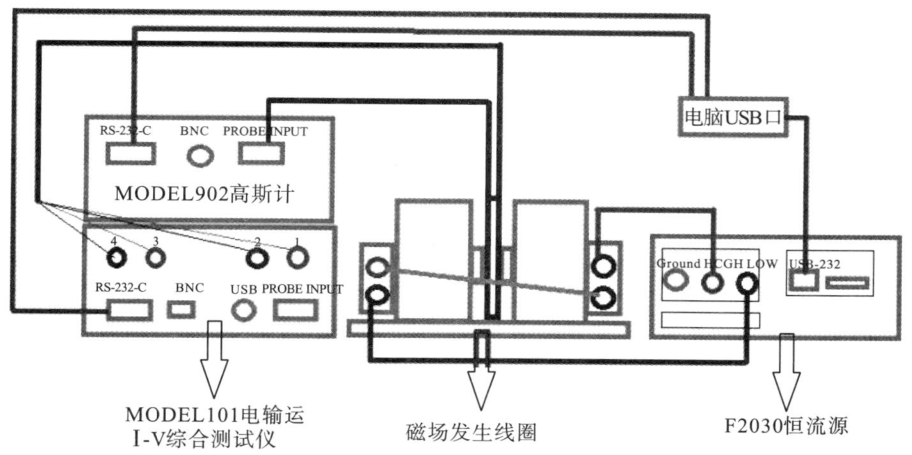

图 2.15　电输运测试系统接线图

2.6.4　实验步骤

2.6.4.1　台阶仪测量薄膜厚度

1. 开机流程

(1) 检查并确保所有连线连接正常，无异常现象。
(2) 接通电脑主机电源开关，开启计算机主机和显示器。
(3) 接着打开变压器开关，开启变压器(可听见风扇声)。
(4) 释放紧急按键，按箭头指示方向旋转。
(5) 开启 Profiler 电源(白色钮，开启时会亮)。
(6) 开启测试软件，等候读取大约 1min 即开启软件接口。
(7) 建议热机 15～30min。

2. 关机流程

(1) 取出样品。
(2) 点击“TOWER HOME”将针抬起。
(3) 将软件关闭。
(4) 关闭 Profiler 的电源(黑色按钮)。
(5) 关闭变压器开关。
(6) 将电脑关机，关闭显示器。

3. 测试步骤

(1) 在计算机上打开 Vision64 软件，其打开界面如图 2.16 所示。

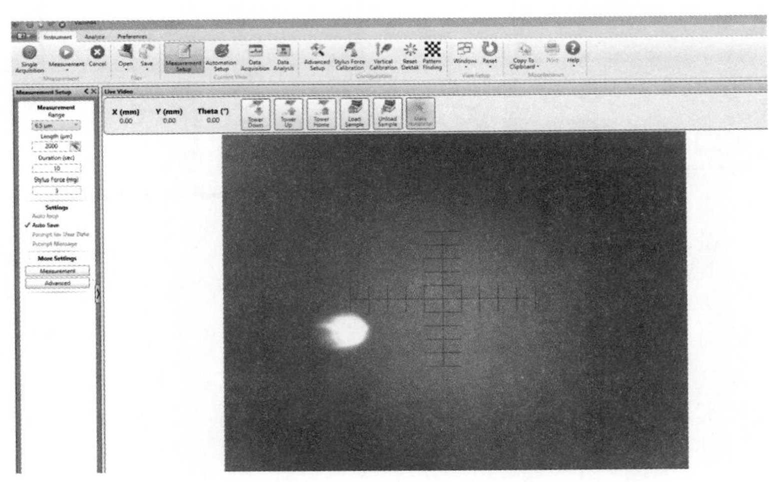

图 2.16　台阶仪工作界面

(2) 打开操作台防尘罩，并点击“Upload Sample”按钮，随后工作台移出，将待测薄膜样品放置在工作台中央，然后点击“Load Sample”按钮，工作台移入。

(3) 调整工作台位置，使探针位于相对待测样品合适的位置：观察探针与样品相对位置，并进行粗调，使探针大致位于样品上方(保证探针下针能够接触到样品)。点击“Tower Down”按钮，探针下移同时观察探针是否处于样品上方，如若不是则点击“Cancel”按钮停止探针下移，并通过工作台粗调按钮再次调整位置。确保探针位于样品上方后，点击“Tower Down”按钮，探针接触到样品后弹开，此时通过摄像头软件中图像对测试样品台位置进行细调，旋动操作台下方细条旋钮，找到的合适测试位置。

(4) 开始测试：样品位置调整合适后，点击“Measurement”按钮设置测试参数，其设置界面如图 2.17。

(5) “Scan Type”选用“Standard Scan”(标准扫描)，“Range”选择待测样品合适的量程，“Profile”通常选用“Hills And Valleys”既可测台阶又可测凹槽，“Length”按照样品待测长度调整，“Duration”按照 2000μm/15～20s 调整，其他参数均可默认。

(6) 点击“Single Acquisition”(单次获取)按钮进行测试，得到如图 2.18 所示曲线。

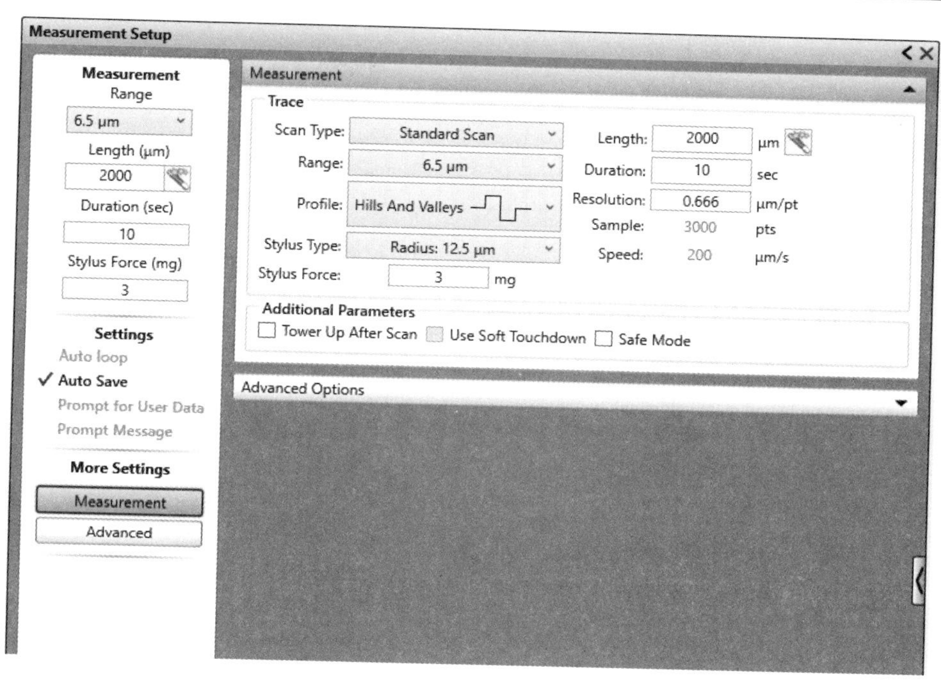

图 2.17　设置界面

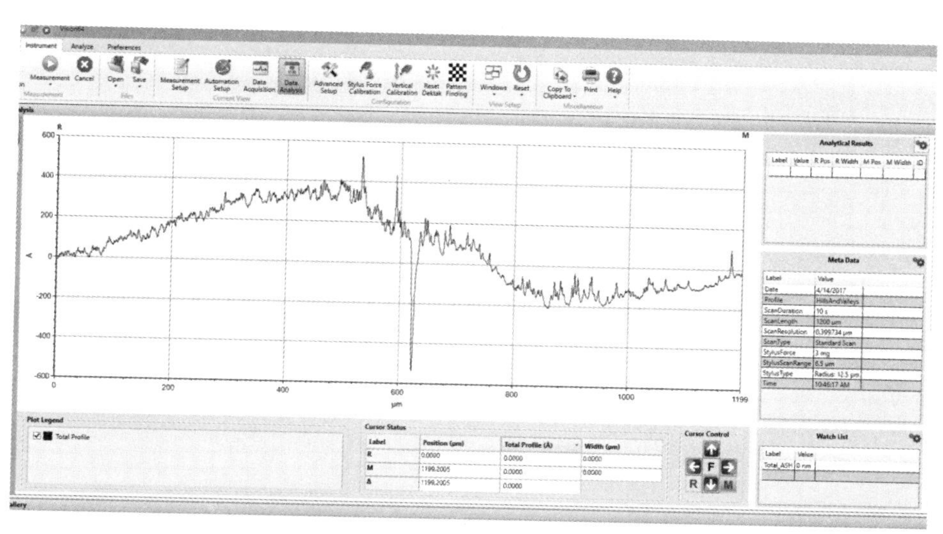

图 2.18　测试曲线

(7) 此时需进行对曲线的拉平。将图 2.18 中 R 和 M 光标展开并置于同一平面上(不可分别置于台阶的两个平面)，点击右上方第一个名为“Data Leveling”的刷新图标，拉平后图像如图 2.19 所示。

(8) 图像拉平后(明显显示出台阶)，拖动 M 光标区域至另一平面，在右下方“Watch List”读出其台阶厚度，如图 2.20 所示。

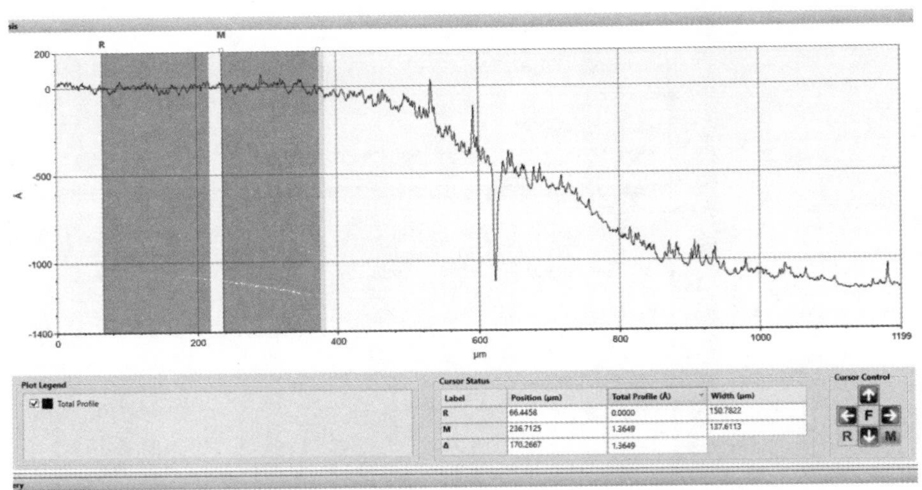

图 2.19　拉平后的测试曲线

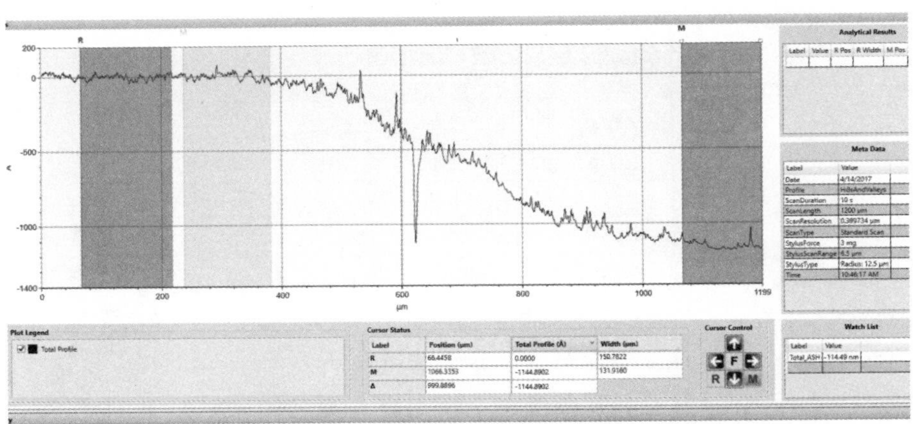

图 2.20　读出膜厚数据界面

(9) 数据存储。

方式一：点击最上方一栏中的“Save”按钮下拉菜单中的“Dataset”，将数据存储为 OPDX 型文件；

方式二：点击最下方 Windows10 自带的截图快捷键，能够存储包括“Live Video”在内的图像；

方式三：点击最上方“Copy To Clipboard”按钮下拉菜单中的“Save As Bitmap”，将其存储为不含“Live Video”窗口的 BMP 格式图片；

(10) 取出样品。点击“Tower Up”按钮，点击“Tower Home”按钮，待探针回归原位，取出样品，并按照关机步骤关闭仪器。

2.6.4.2　测量薄膜电输运性能

(1) 装载测试样品：测试样品的操作板置于磁场发生线圈中间，夹持样品时需要关闭 F2030 恒流源的电源。如图 2.21 所示，将样品夹持在中间，并用夹子压好其四个角，保证样品不会掉落且与压条接触良好。放置好样品后，将操作板小心插回磁场发生线圈中间，注意勿使样品移位或者掉落。

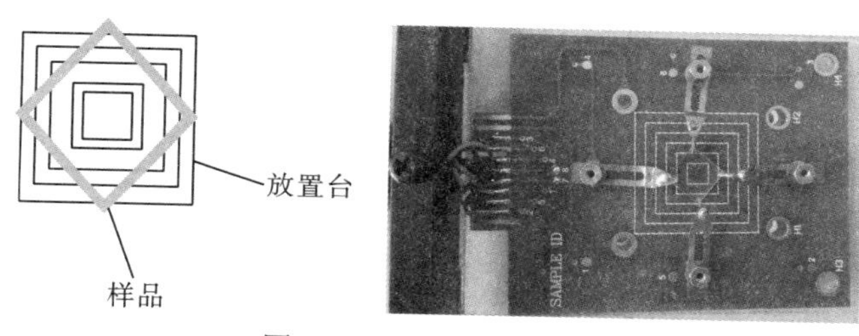

图 2.21　装置样品操作板

(2) 打开仪器电源：打开计算机上面的测试软件，其操作界面如图 2.22 所示。

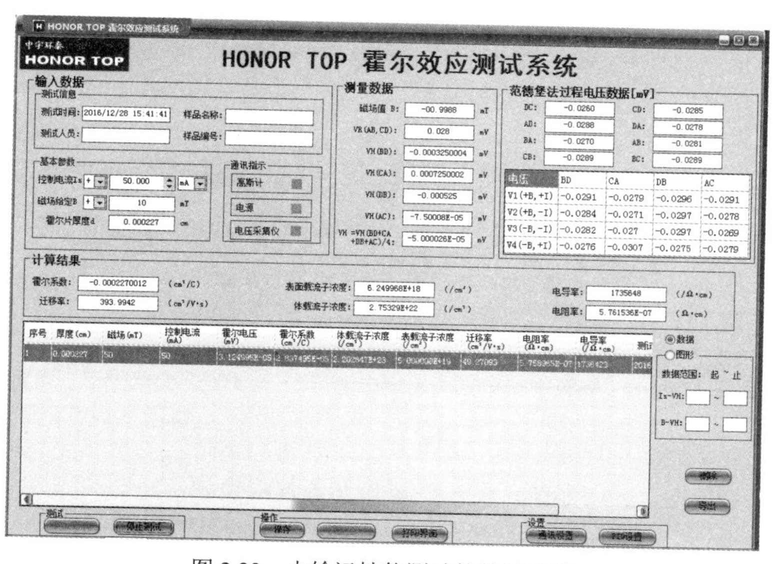

图 2.22　电输运性能测试软件界面图

(3) 设置通信参数：点击界面右下角的通信参数设置，如图 2.23 所示将高斯计的串口号设为 COM4，电源串口号设为 COM6，电压采集仪串口号设为 COM5，波特率保持原有参数不变，然后点击修改按钮（每次关闭电流源重启后都需要重新设置通信参数）。

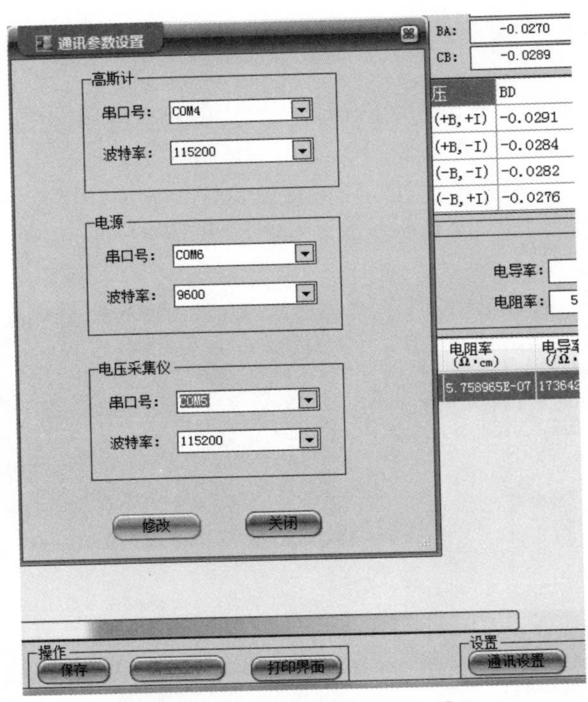

图 2.23　通信参数设置窗口[①]

(4) 设置基本参数：在界面左上角设置基本参数，包括控制电流 I_s，磁场设定 B，霍尔片厚度 d，注意单位。B 的范围为 1～300（或 400）mT；I_s 的大小视样品阻抗而定，大概对应关系如表 2-4。

表 2-4　样品阻抗与 I_s 的对应关系

R	10Ω	100Ω	1kΩ	10kΩ	1MΩ
I_s	50mA	10mA	1mA	0.1mA	1μA

(5) 所有参数都设置完毕后，点击左下角开始测试。

(6) 记录数据，关闭系统，关闭计算机和各仪器电源。

① 软件中通信参数设置为“通讯参数设置”。

2.6.5　样品测试及实验数据处理

(1) 熟悉台阶仪测试原理与操作步骤。

(2) 取待测样品多个点测量其厚度，并计算得出其平均值。

(3) 记录一定条件下霍尔系数、迁移率、表面载流子浓度、体载流子浓度、电导率、电阻率等数据。

2.6.6　实验思考题

(1) 测量薄膜厚度的方法有哪些，简述其特点？

(2) 为何只能利用霍尔效应测量导电薄膜材料的电性能？

2.7　薄膜热电偶的制作与标定综合实验

2.7.1　实验目的

薄膜热电偶也可称为薄膜温度传感器，是随着薄膜材料技术发展而出现的新型二维传感器，其热结点厚度为纳米量级，具有热容小、响应迅速等优点，能够准确测量瞬态温度变化。本实验为综合实验之一，包括薄膜热电偶的制备及测试等多个环节，掌握此类传感器的工作原理，绘制传感器性能标定曲线，可以使学生在薄膜器件的结构设计、制备、测试及标定等方面接受系统的训练，提高学生的科技创新能力。

通过本实验达到如下目的和要求：

(1) 熟悉常用真空镀膜设备结构和操作方法。

(2) 掌握薄膜温度传感器的基本结构和工作原理。

(3) 通过图形化镀膜获得薄膜温度传感器器件。

(4) 对器件的热电性能进行测试和分析。

建议学时：8 学时

2.7.2　实验原理

如图 2.24 所示，薄膜热电偶由两种不同的导电薄膜组成。在测试温度时，两种导电薄膜的结点被置于被测温区(即热端)，而导电薄膜的自由端一般位于室温区(即冷端)。由于结点与自由端之间存在温度梯度，在塞贝克效应的作用下，两个导电薄膜的自由端之间将产生一个开路电动势。该电动势与冷热两端之间的温度梯度的关系如下：

$$V = (S_B - S_A)(T_2 - T_1) \tag{2-5}$$

其中 T_2-T_1 为两端之间的温度梯度，S_A 和 S_B 分别为导电材料 A 与 B 的塞贝克系数。同时测试获得不同温度梯度下薄膜热电偶所产生的电动势，然后作图并采用最小二乘法进行线性拟合，即得到薄膜热电偶的塞贝克系数(S_B-S_A)。

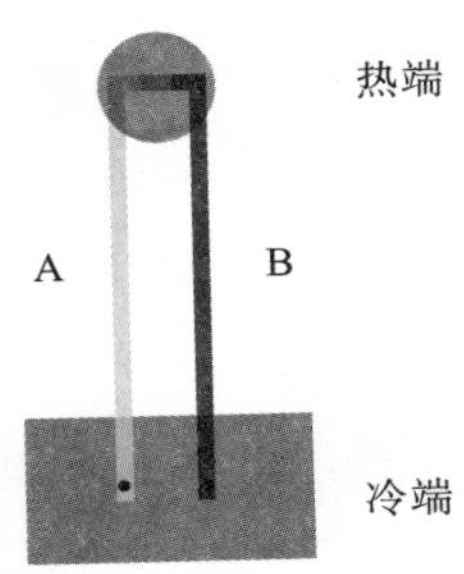

图 2.24　薄膜热电偶结构

根据薄膜的尺寸效应理论，在厚度方向上由于表面、界面的存在，物质的连续性具有不确定性。当薄膜的厚度小于某一值时，薄膜连续性发生中断，从而引起电子输运现象发生变化，因此，薄膜热电偶的厚度不是越薄越好，而是存在一个临界厚度。当薄膜厚度 d 大于临界厚度时，金属薄膜电阻率 ρ_f 与厚度之间存在一定关系，即 $\rho_f \times d$ 值与 d 呈线性关系，可以根据这一关系来确定金属薄膜的临界厚度。

2.7.3　实验设备与器材

溅射设备一套，电阻蒸发设备一套，玻璃基片若干，掩膜版两副，聚酰亚胺耐高温胶带若干，数字电表(6 位半精度)一台，万用表一台，热烘枪一把，酒精棉球若干。

2.7.4　实验步骤

1. 基片准备

(1)准备一片玻璃基片和两副掩膜版，用酒精棉球擦拭干净并烘干。

(2) 为提高薄膜的附着力，在玻璃基片上贴上一层平整的耐高温聚酰亚胺胶带，注意尽量避免表面有气泡，戴手套操作，不直接用手接触基片和掩膜。

2. 直流溅射 Cu 电极

(1) 将玻璃基片与掩膜版一起固定好，夹持在样品架上。
(2) 关闭舱门，对系统抽真空。
(3) 真空测量到 2.2Pa 时，通入氩气。
(4) 开启溅射源，进行预溅射，观察辉光及溅射现象。
(5) 溅射 20min 制备 Cu 电极薄膜。
(6) 关闭溅射源，关闭氩气，关真空计，关真空泵。
(7) 充气、取样。
(8) 观察样品性状，用万用表初测其电阻。

3. 真空蒸发 Al 电极

(1) 给阻蒸设备充气，打开腔门，装入金属钼舟。
(2) 准备 Al 镀料 0.2g，放入钼舟中间。
(3) 将溅射获得的基片与掩膜一起固定好，夹持在样品架上，使其正对镀料上方。
(4) 开启蒸发电源并缓慢提高电流，蒸发制备 Al 薄膜。
(5) 关闭扩散泵，关高阀。
(6) 等扩散泵降温后关闭真空泵。
(7) 关机械泵、取样、观察样品性状。

4. 薄膜热电偶的标定测试

(1) 用热烘枪对薄膜温度传感器 U 型的相交端(热端)进行加热，同时采用数字电表采集冷端输出的热电动势，测试传感器的开路电动势(0～0.3mV)。
(2) 调节加热端温度，每次递增 10℃，冷端不变，测不同温差下的电动势。传感器热端温度范围为室温到 150℃。
(3) 测试完毕，整理仪器设备。

2.7.5 样品测试及实验数据处理

(1) 观察记录实验现象，记录薄膜表观颜色。
(2) 使用台阶仪分别测试 Cu 电极和 Al 电极的厚度，查阅 Al 的饱和蒸气压与温度的关系，计算电极制备中的薄膜沉积速率。

(3) 采用万用表测试 Cu 电极和 Al 电极的表面电阻。

(4) 根据采集到的电动势信号，结合热端冷端温度差绘出 *V-T* 关系曲线图，通过计算机拟合得到标定曲线，推算出薄膜温度传感器的塞贝克系数。

(5) 由 *V-T* 定标曲线得到的 V_0 相比较，进行误差分析和测试精度；上网查金属 Cu 及金属 Al 的赛贝克系数，与实验结果数据进行比较分析讨论。

2.7.6 实验思考题

(1) 薄膜热电偶的膜厚对器件性能有什么影响？实验过程中如何控制膜厚？

(2) 为什么不能使用电离规测量低真空？

(3) 为什么油扩散泵用完后不能马上关闭而需要一直抽气降温？

2.8 类电容器结构薄膜器件的制作实验

2.8.1 实验目的

本实验为综合性实验，主要任务为制备三明治结构的薄膜电容器原型器件。包括真空获得与测量、溅射镀膜、电阻式蒸发镀膜、电子束蒸发镀膜、薄膜电容测试等多个实验环节。还可按实际情况增加薄膜厚度测量实验和薄膜表面形貌分析实验，具体实验内容见 2.5、2.6 节。本实验的开展可以使学生在薄膜器件的结构设计、制备、测试及标定等方面接受系统的训练，提高学生的科技创新能力。

通过本实验达到如下目的和要求：

(1) 熟悉常用真空镀膜设备的结构和操作方法。

(2) 掌握上下薄膜电极和介质薄膜的制作方法。

(3) 通过图形化镀膜获得薄膜电容器器件。

(4) 掌握介质薄膜电容的测量方法。

建议学时：12～16 学时

2.8.2 实验原理

类电容器结构薄膜器件也可称为三明治结构的薄膜器件，这种多层薄膜结构是一种典型的薄膜器件结构，被广泛应用于研发各类不同功能的薄膜器件，如电容器、光电传感器、阻变存储器件、巨磁阻器件等。本实验所制备的薄膜电容器采用玻璃基板，分别沉积金属 Cu 下电极、Al_2O_3 介质层和金属 Al 上电极三层薄膜，其结构如图 2.25 所示。

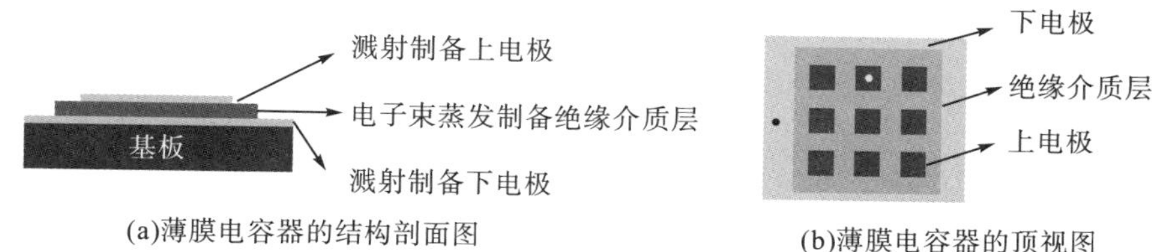

(a)薄膜电容器的结构剖面图　(b)薄膜电容器的顶视图

图 2.25　薄膜电容器结构示意图

(1) 真空获得和测量环节：需了解机械泵和油扩散泵的工作原理以及使用方法，真空腔体与泵之间的连接方式，实际腔体的气体泄漏情况和原因，以及电阻真空计和电离真空计的工作范围。

(2) 溅射镀膜环节：其机理是通过引入氩气生成等离子体，在电场作用下轰击靶材，溅射出金属原子并在基板上形成薄膜。在实验过程中可观察辉光发电现象，了解等离子体的产生、辉光放电的原理以及气压对起辉电压的影响。在真空度为几帕到几十帕的真空腔中，在阴极加上负电压，以真空腔为阳极接地。当电压从零上升到某一值时，阴极开始起辉。电子被电场加速获得能量，碰撞气体分子，使得气体分子被电离放出二次电子，如此维持稳定的辉光放电。调节气压，起辉电压会发生变化；气体种类不同，辉光颜色也会不同。被电离的气体带上正电荷，在阴极电压的作用下，加速向阴极靶材飞行，以较高的速度轰击靶材表面。靶材表面的原子(溅射粒子)与其相互作用，获得能量，脱离靶材的束缚，飞向基片。溅射粒子到达基片后吸附在基片表面，与氧气反应，同时发生迁移、团聚，形成薄膜。当薄膜厚度不同时，由于光的干涉效应，我们可以发现薄膜呈现不同的颜色。

(3) 电子束蒸发环节：在真空度为 5×10^{-3}Pa 的真空腔中，用电子束加热水冷铜坩埚中的蒸发材料使其熔融或升华。当原子到达基片表面时，被基片所吸附从而凝结下来形成薄膜。同样为了保证原子按固定方向飞行，必须保证较高的真空度使得原子在到达基片前不会受到碰撞而改变方向。电子束蒸发采用直接加热方式，效率高、能量密度大，可以用来蒸发熔点高、平衡蒸气压较低的金属或氧化物，且采用冷坩埚避免坩埚材料参与反应，从而提高了薄膜纯度。

(4) 蒸发镀膜环节：在较高真空度下采用电阻式加热或电子束加热的方式使 Al 镀料熔化，形成蒸气并凝结在基板表面形成薄膜。在真空度为 5×10^{-3}Pa 的真空腔中，对钼舟加热使得钼舟中的金属升温，当温度升高到 Al 原子能够脱离铝块的束缚，则 Al 原子会蒸发飞向四周。当 Al 原子到达基片表面时，被基片所吸附从而凝结下来形成 Al 薄膜。在这一过程中，为了保证原子按固定方向飞行，必须保证较高的真空度使得原子在到达基片前不会受到碰撞而改变方向。薄膜沉积的速率由蒸发舟的温度控制，温度越高，则 Al 的饱和蒸气压越大，沉积越快。薄膜沉积厚度可由沉积时间或原料量控制(当原料被完全蒸发时)。

(5) 电容测试环节：了解薄膜电容器的测试方法和仪器，掌握电容和介电损耗的基本物理意义，了解影响薄膜电容值的实验制备和测试参数。本实验采用 TH2828 型 LCR 测试仪及四端对测量方法对薄膜的电容进行测量。如图 2.26 所示，在四端对测量中有四个同轴电缆接插件端口，分别作为电流引线端 Hcur、Lcur 和 Hpot、Lpot，其中一对连接线用来馈送测量电流到被测电阻，另一对连接线用作检测被测电阻上的电压降。这种四端对测量方法有其特殊的优越性：具有良好的屏蔽保护作用，同时也避免高频率测量低阻抗器件时电流引线和电压引线之间由于互感造成的测量值不稳定。这些输出端口的外导体及相应的电缆外屏蔽导体作为测量电流返回的途径，因此内外导体中电流的大小相同方向相反，在电缆外部不产生磁场。由于电缆具有良好的屏蔽特性，它对外界杂散电磁场有较好的抗干扰性，从而使引线之间的电耦合减至最小，同时又能消除测量引线和夹具的分布电容和残余电感的影响，适合从低值到高值准确地测量阻抗。

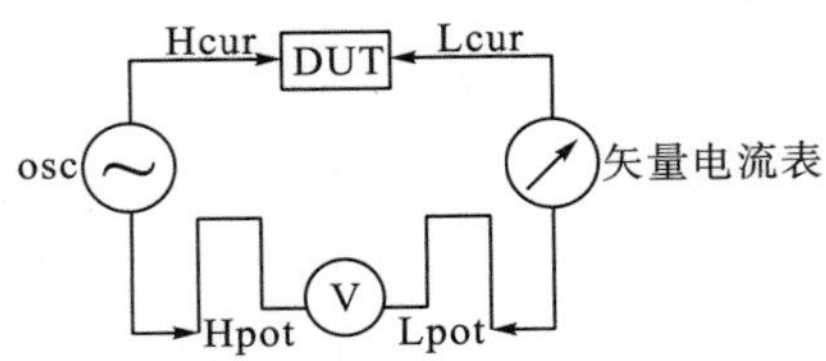

图 2.26　四端对测试原理

2.8.3　实验设备与器材

溅射设备一套；电子束蒸发，电阻蒸发设备各一套；玻璃基片若干；镀膜专用模具一套；TH2828 精密 LCR 数字电桥，四端对测测试夹具。

2.8.4　实验步骤

1. 溅射法制备下电极

(1) 了解系统结构，清洁玻璃基片。

(2) 基片装夹，开机械泵，开启予阀抽真空，然后打开真空计。当气压波动小于 0.1Pa 后，通入氩气，将气压稳定在 3～5Pa，开启溅射电源，增大电流，记录起辉电压的变化，观察辉光放电现象。

(3) 调节溅射电流至 0.2A，进行薄膜的溅射沉积。

(4) 达到一定薄膜厚度之后，停止溅射，关闭真空系统，系统充气，取样观测，并用万用电表测量薄膜电阻。

2. 电子束蒸发制备绝缘介质层

(1) 熟悉系统结构。真空获得系统，真空测试系统，气体控制系统，基片加热系统，e 型电子枪控制系统，灯丝以及靶材。

(2) 基片装夹，开机械泵，开启予阀初抽真空，稍后打开真空计。气压达到 2Pa 左右，由予阀切换至低阀，开启扩散泵，预热 20min 左右。开启基片加热器，直至烘烤温度达到 200℃。

(3) 开启高阀，当气压达到 3×10^{-3}Pa 后，开启电子枪电源，调节灯丝电流至 0.3A，预热灯丝 3min。调整高压至 5.5kV，通过束流旋钮缓慢增加束流至 40mA。制备 MgO 或 Al_2O_3 薄膜，同时观察并记录蒸发舟的发热情况和腔体真空度的变化。

(4) 观察电子束轰击靶材及真空室气压变化的现象。蒸发 10min 后，关闭高压和束流，关闭电子枪电源。

(5) 关闭基片加热器，关闭扩散泵，等待扩散泵冷却后(约 20min)，关闭高阀，关闭真空计，采用低阀继续对扩散泵抽气。

(6) 待扩散泵冷却后，充气打开腔体，取出试样。

3. 电阻蒸发制备上电极

(1) 熟悉系统结构。真空获得系统，真空测试系统，气体控制系统，基片加热系统，蒸发控制系统。

(2) 基片装夹，开机械泵，开启予阀初抽真空，稍后打开真空计。气压达到 2Pa 左右，由予阀切换至低阀，开启扩散泵，预热 20min 左右。开启基片加热器，直至烘烤温度达到 200℃。

(3) 开启高阀，当气压达到 3×10^{-3}Pa 后，开启蒸发电源，并缓慢升高蒸发电流，同时观察并记录蒸发舟的发热情况和腔体真空度的变化。

(4) 观察蒸发料的变化情况。在蒸发料完全蒸发之后，关闭蒸发电源，关闭基片加热电源。

(5) 关闭扩散泵电源，等待扩散泵冷却后(约 20min)，关闭高阀，采用低阀继续对扩散泵抽气。

(6) 待扩散泵冷却后，充气打开腔体，取出试样，观察样品性状。

4. 薄膜电容测试

(1) 打开 TH2828 精密 LCR 数字电桥，首先进行仪器校正。采用“开路全频清”和“闭路全频清”模式进行开路和闭路校正。

(2) 将测试频率调整为 1MHz，偏压为 1V，测量速度为“Slow”，首先对标准电容进行测试，了解电容值和介电损耗的变化情况。

(3) 将测试夹具的探针轻压在薄膜电容器的上下电极，待读数稳定后，记录电容和介电损耗。

2.8.5 样品测试及实验数据处理

(1) 描述溅射和蒸发系统组成，并画出结构示意图。

(2) 溅射现象观察：观察不同气体在不同气压下的辉光放电的颜色、辉光柱的长短、负辉区的变化。记录本底真空，溅射气压，起辉电压，溅射电流。参考工艺如表 2-5 所示。

表 2-5 溅射实验工艺及结果

气体种类	Ar	沉积时间	300s
辉光颜色	紫红	溅射电流	0.2A
起辉电压(5Pa)	200V	溅射电压	200V
薄膜颜色	绿	薄膜电阻	1～10Ω

(3) 电子束蒸发现象观察：观察机械泵和扩散泵的级联方式、真空度的变化情况、电离真空计和电阻真空计的工作区间。参考工艺如表 2-6 所示。

表 2-6 蒸发实验工艺及结果

本底真空	1.5×10^{-3}Pa	沉积时间	600s
预热灯丝电流	0.3A	电子束流	40mA
高压	5～6 kV	薄膜颜色	绿

(4) 观察电阻蒸发现象，缓慢升高蒸发电流的同时观察并记录蒸发舟的发热情况和腔体真空度的变化。

(5) 测量薄膜电容器的电容，并采用式(2-6)计算绝缘介质层的薄膜厚度和蒸发速率。

$$C = \varepsilon_0 \varepsilon_r \frac{S}{d} \tag{2-6}$$

(6) 测量薄膜电容器的电容，采用式(2-6)计算绝缘介质层的薄膜厚度和蒸发速率，与第(5)步测量结果对比。

2.8.6　实验思考题

(1) 为什么不能用手直接接触基片和真空室？

(2) 为什么选择氩气来生成等离子体？

(3) 为什么选用电子束蒸发而不是电阻蒸发来制备绝缘介质层？

(4) 薄膜致密度对电容器性能有哪些影响？

(5) 影响薄膜电容大小的主要因素有哪些？

2.9　薄膜光电探测器的制作与性能测试实验

2.9.1　实验目的

本实验为综合性实验，主要任务为制备金属-半导体-金属(Metal Semiconductor Metal，MSM)结构的薄膜光电探测器原型器件并测试其性能。包括 Si 基片清洗、射频磁控溅射镀膜、电阻式蒸发电极、光电探测器的光响应性能测试等多个实验环节，还可根据实际情况选择增加对光敏薄膜表面形貌的表征实验以及厚度和电学性能的测量实验，具体实验内容见 2.5、2.6 节。本实验有利于学生从感性和直观上认识了解光电器件材料的特性和应用，提高学生对复杂工程任务的分析解决能力。

通过本实验以达到如下目的和要求：

(1) 了解 ZnO 材料和 Si 材料的光吸收特性，在硅基片上制备 ZnO 光敏薄膜。

(2) 了解光电导探测器的工作特性。

(3) 熟悉射频磁控溅射薄膜技术的操作方法。

(4) 掌握掩膜法制备平面叉指电极的操作方法。

(5) 测量光敏薄膜的电阻率、载流子浓度及迁移率。

(6) 掌握测试光电探测器光谱响应的测试原理和方法。

建议学时：12～16 学时

2.9.2 实验原理

1. 光电探测器的工作原理

光敏半导体材料一般在黑暗环境下具有很大的电阻，受光照时，若光子能量大于半导体材料的禁带宽度，则价带中的电子吸收光子能量后跃迁到导带上，从束缚状态变成自由状态，激发出电子-空穴对，使半导体中载流子浓度增加，从而增加了导电性，电阻减小。照射光越强，电阻值下降越多，光照停止，自由电子与空穴逐步复合，电阻又逐渐恢复原值。该现象又称为光电导效应，根据这一原理可制成光电探测器。

根据光敏材料的光谱特性，光电探测器可分为三种：

(1) 紫外光电探测器：对紫外线较灵敏，包括硫化镉、硒化镉探测器等，用于探测紫外线。紫外光电探测器是一重要的军民两用的探测器，对它的研究有着重要的意义。

(2) 红外光电探测器：主要有硫化铅、碲化铅、硒化铅、锑化铟探测器等，广泛用于导弹制导、天文探测、非接触测量、人体病变探测、红外光谱探测、红外通信等国防、科学研究和工农业生产中。

(3) 可见光光电探测器：包括硒、硫化镉、硒化镉、碲化镉、砷化镓、硅、锗、硫化锌探测器等，主要用于各种光电控制系统，如光电自动开关门户、航标灯、路灯和其他照明系统的自动亮灭，自动给水和自动停水装置，机械上的自动保护装置和位置检测器，极薄零件的厚度检测器，照相机自动曝光装置，光电计数器，烟雾报警器，光电跟踪系统等方面。

ZnO 是一种Ⅱ-Ⅵ族直接带隙宽禁带半导体材料，在室温时其禁带宽度为3.37eV，激子复合能为60meV，所以 ZnO 基的探测器成为紫外探测器方面研究的热点。ZnO 基紫外探测器对于常用衬底的选择主要有三种：石英、硅和蓝宝石衬底。蓝宝石和石英衬底都可生长优质的 ZnO 外延薄膜，但蓝宝石价格昂贵、不导电且不易加工。石英衬底和硅衬底具有较高的机械强度和耐热温度，同时具有抗热冲击性、抗腐蚀性等优良特性，是制备紫外探测器的优良衬底。硅原料丰富，价格便宜，容易加工，最重要的是目前主要的光电集成器件都是集成在硅衬底上，所以在硅衬底上制备 ZnO 薄膜具有重要的意义。但硅和 ZnO 的晶格之间热膨胀系数失配较大，在薄膜中容易引入位错等缺陷，从而在禁带中引入深能级诱捕光生电子-空穴对。由于深能级的复合是一个缓慢的过程，从而降低了探测器对波长的敏感性，且硅对紫外光透过率很低，影响在硅衬底上制备的探测器的量子效率的提高。石英玻璃和石英单晶都可以生长 C 轴取向较好的 ZnO 薄膜，他们的单晶密度低，热膨胀系数小，良好的结晶性能以及较高的紫外透过性，是用来制备 ZnO 基衬底的优良材料。

2. 薄膜光电探测器的结构与制作工艺

金属与半导体接触形式主要有两种形式：欧姆接触和肖特基接触。当金属的功函数小于半导体的功函数时，半导体形成负的表面空间电荷区，半导体表面的电子浓度高于半导体体内的电子浓度，在表面形成高电导区，于是金属与半导体之间就形成欧姆接触。制备 ZnO 基紫外探测器的欧姆接触电极材料可用 In、Ti、Al、Ag、Ni、Ti/Al、In/Al 和 Ti/Au 等。当金属的功函数大于半导体功函数时，半导体形成正的表面空间电荷区，在半导体表面形成一定高度的势垒，于是金属与半导体之间就会形成肖特基势垒。制备 ZnO 紫外探测器的肖特基接触电极材料可用 Au、Pt、Ag 和 W 等。

为了提高探测器对载流子的收集能力，通常金属电极采用叉指结构，制备成 MSM 结构的探测器。这样的探测器具有响应度高、随偏压变化小、响应速度快、工艺简单和易于集成等优点。加之目前 ZnO 难以实现稳定良好的 P 型掺杂，因而很难制备出性能优良的 p-n 型光电探测器，而 MSM 结构无需制备 pn 结，尤其适合难以掺杂的半导体材料，且与半导体电子工艺完全相容。

本实验所制备的薄膜光电探测器采用 Si 衬底，在上面沉积 ZnO 薄膜作为光敏介质薄膜、在其上蒸镀平面叉指结构电极，如图 2.27 所示，从而获得紫外-可见薄膜光电探测器。

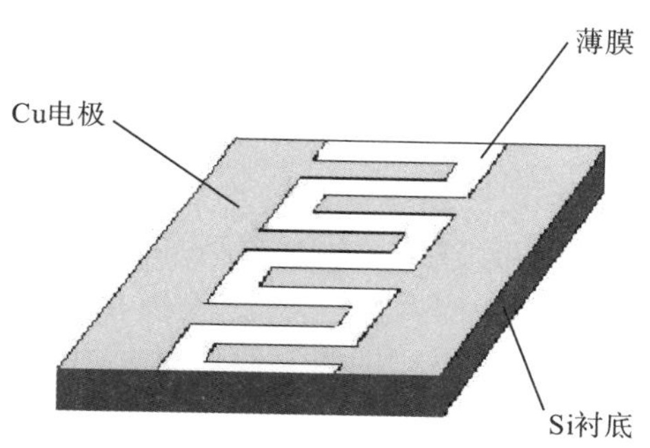

图 2.27　薄膜光电探测器的结构示意图

金属电极的制备可以采用真空蒸发技术或光刻技术。采用真空蒸发技术工艺简单，易形成良好的 MSM 结构叉指电极，但所制得的叉指间的距离无法做得很小；采用光刻技术虽然工艺复杂，但能实现更小的指间距。

本实验中通过真空蒸发技术制作 MSM 结构的 Au 电极，示意图如图 2.27 所示，制备的叉指电极的长度为 4mm，叉指宽度为 0.5mm，叉指间距为 1mm，有效感光面积为 32.97mm^2。

3. 光电探测器的性能测试

暗电阻、伏安特性、光响应时间，光谱响应特性是衡量光电探测器的几个重要指标。

暗电阻：无光照时的光电探测器的电阻值，通过测量一定偏压下的暗电流可计算得出，是探测器噪声的主要来源之一。光电探测器的噪声主要有散粒噪声、热噪声和 f^{-1} 噪声。

伏安特性：即 *I-V* 特性，指的是测量器件输出特性中电流与电压关系的曲线。在测试中将探测器接入电路中，加压使电路导通，绘制出 *I-V* 特性曲线。由 *I-V* 特性曲线，我们可以间接得出电极与薄膜的接触类型。如图 2.28 所示，可采用 X-Y 记录仪(常规 *X-Y* 方式)进行测量。

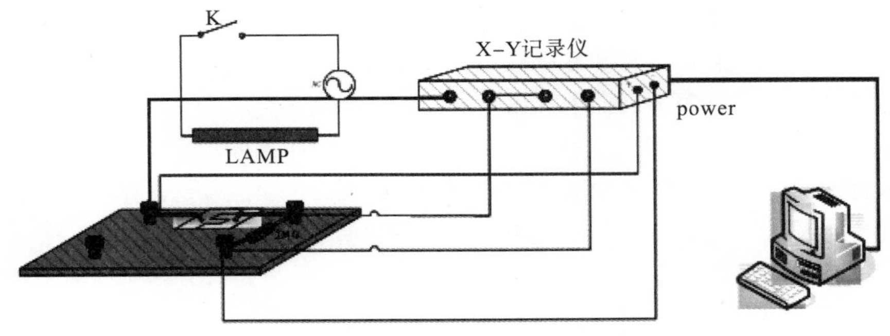

图 2.28　伏安特性与光响应时间特性测试电路

光响应时间：光电探测器是基于类光电效应的原理，在受到光照时自身电学性能发生改变，将光信号转换为电信号，这个变化并非阶跃的，存在一个变化过程。当半导体光电材料受到对应波段光照射时，其内部会产生电子-空穴对，电子-空穴对的产生需要一定的时间，这会导致电流响应落后于作用的光信号。因此电流上升到趋于一定值需要一定的时间，即上升响应时间；当停止光照时，电子和空穴发生复合，而复合也需要一定时间，称为下降响应时间。同时制备的薄膜光电探测器易受外界环境的影响，这种影响通常表现为材料表面的氧吸附与脱附。这两种现象的存在使响应时间成为衡量探测器光电特性的一个重要参数。一般用阶跃光信号作用于光电探测器来测量其响应特性，即通常所说的脉冲法，图 2.29 为其示意图。

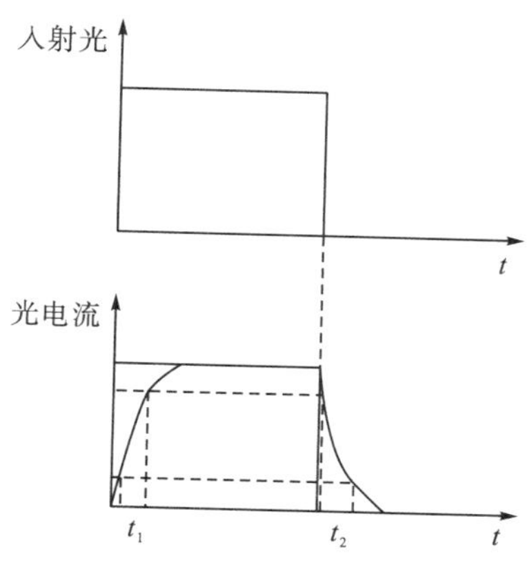

图 2.29　响应时间测试示意图

上升时间 t_1 定义为光电流从最小的输出值到峰值的 63%的上升弛豫时间或起始弛豫时间，t_2 为光电流从峰值下降到峰值的 37%的下降弛豫时间或衰减弛豫时间。总的响应时间为 t_1+t_2。光电导探测器响应较慢，上限频率较小，$f_{上}=1/(2\pi\tau)$，由于其频率低，可采用 X-Y 记录仪(自动走纸方式)测出其光响应时间特性。

光谱响应：指材料对不同波长光的灵敏度，一般用曲线表示，横轴为波长，纵轴为灵敏度。从曲线中可以得到灵敏范围和峰值波长位置。

不同波长的光具有不同光子能量，对于电子有着不同的激发能力。受到不同波长光照射时，探测器的电学性能表现出很大的差别。通过光谱响应测试，可以判定探测器的最佳响应波段，以此来判断探测器实际应用方向。

以功率相同的不同波长的单色光照射于探测器光敏面，其偏置电路输出值与入射光波长的关系为光敏电阻的光谱响应。对光电探测器的光谱响应测试一般采用参考替代法。光谱响应测试实验系统如图 2.30，主要由光源、三光栅单色仪、复合稳流电源、光学斩波器、锁相放大器、直流电源和标准探测器几部分构成。本实验采用的光源是可提供稳定 350～2500nm 波长光的溴钨灯紫外-可见-近红外光源，此连续光源照射在 Omni-λ3005 单色仪的入射狭缝处，经 Omni-λ3005 三光栅单色仪产生单色光投射在探测器上，单色仪通过 RS-232 串行通信口与计算机进行数据通信，可以控制分光波长。

单色仪的棱镜转变不同角度时，从光狭缝射出不同波长的单色光，样品探测器接收不同波长的单色光后得到对应的光电流值，经标准探测器换算后可得出样品探测器对不同波长光的响应度。

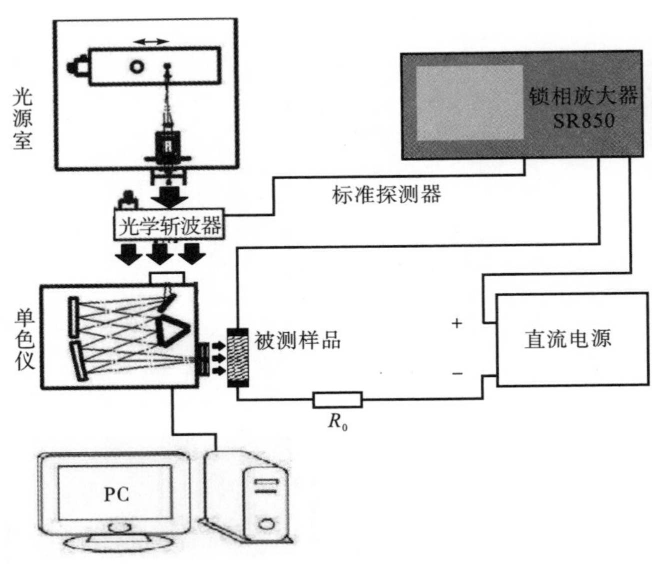

图 2.30 光谱响应测试系统连接示意图

首先将标准探测器(光谱响应率已知)置于出射狭缝口，在均匀的单色光辐射下测量其光电流 $I_s(\lambda)$：

$$I_s(\lambda)=H(\lambda)A_s\Gamma(\lambda)R_s(\lambda) \tag{2-7}$$

式中，$H(\lambda)$为探测器上的辐照度(W/cm^2)；A_s 为标准探测器面积(cm^2)；$\Gamma(\lambda)$为测试系统(单色仪、各光学元件等)的光谱透过率；$R_s(\lambda)$为标准探测器的光谱响应度(A/W)。

移去标准探测器，将被测探测器放在同一位置上，按相同方式进行测量，得到其光电流 $I_x(\lambda)$：

$$I_x(\lambda)=H(\lambda)A_x\Gamma(\lambda)R_x(\lambda) \tag{2-8}$$

式中，$R_x(\lambda)$为样品探测器的光谱响应度(A/W)；A_x 为被测探测器面积。

由于在同一测试条件下测量，$H(\lambda)$和 $\Gamma(\lambda)$相同，可得：

$$R_x(\lambda)=[R_s(\lambda)I_x(\lambda)A_s]/[I_s(\lambda)A_x] \tag{2-9}$$

$R_s(\lambda)$、A_s 和 A_x 已知，所以只要测出各波长的 I_s 与 $I_x(\lambda)$值，就可求得被测探测器的光谱响应率值。

作为有效的标准传递，实验中所用标准探测器为经过国内计量院定标的硅探测器(200～1100nm)，其有效接收面积 $100cm^2$(Φ11.28mm)，峰值波长响应度 0.52A/W，其光谱响应值见表 2-7(仅供参考，实验时应以最新的标定值为准)。

表 2-7 光谱响应度实验数据记录

波长/nm	I_s/nA	I_x/nA	标准探测器响应度 $R_s(\lambda)$/(A/W)	被测探测器响应度 $R_x(\lambda)$/(A/W)
无光			0	
200			0.068	
220			0.076	
240			0.110	
260			0.119	
280			0.113	
300			0.107	
320			0.113	
340			0.122	
360			0.119	
380			0.138	
400			0.163	
420			0.187	
440			0.212	
460			0.229	
480			0.259	
500			0.280	
520			0.305	
540			0.328	
560			0.347	
580			0.373	
600			0.399	
620			0.420	
640			0.439	
660			0.453	
680			0.473	
700			0.486	
720			0.495	
740			0.509	
760			0.517	
780			0.528	
800			0.539	
820			0.557	
840			0.566	
860			0.576	
880			0.579	
900			0.584	

量子效率 η 是光电导探测器吸收的光子数与激发的电子数之比，从微观-宏观角度描述光电导探测器的光电、光谱以及频率特性。

$$\eta=(h\mu)R/e \tag{2-10}$$

式中，h 为普朗克常数；μ 为入射光频率；e 为电子电量；R 为探测器响应度。

2.9.3 实验设备与器材

射频磁控溅射设备一套、超声清洗仪一台、烧杯一只、硅基片、玻璃基片、无水乙醇、去离子水、ZnO 靶材、台阶仪测试设备一整套(包括台阶仪本体，隔震台，电脑)，Honor Top 电输运测试系统、镊子、双面胶、电阻式蒸发设备一套、叉指掩膜一副、X-Y 记录仪、面包板、1kΩ～10MΩ电阻、插线、光源、三光栅单色仪、复合稳流电源、光学斩波器、锁相放大器、直流电源、标准探测器和计算机等。

2.9.4 实验步骤

1. 衬底预处理

实验中选用大小为 10mm×10mm 的 p-Si 衬底。薄膜与衬底之间能否获得良好接触受衬底表面洁净度的影响，因此在制备 ZnO 薄膜前需要对衬底进行预处理，具体清洗步骤如下：

(1) 用丙酮对基片进行一次超声清洗 5min。

(2) 用无水乙醇对基片进行一次超声清洗 5min。

(3) 去离子水超声清洗 5min。

(4) 基片干燥：将基片装在培养皿中，放入烘箱烘干。

(5) 打开溅射设备的真空室，放置基片，其中一块基片需要用掩模盖住一半，以产生台阶用于后续厚度测量实验。

2. 射频磁控溅射实验

具体步骤见 2.4 节。

3. 真空蒸发 Cu 薄膜叉指电极实验

具体步骤见 2.2 节。

4. 光响应性能测试：

(1) 焊接引脚。

(2) 测试 *I-V* 特性：

①将光敏薄膜样品放置在待测支架上，电极两端接通探针。

②打开微机及 X-Y 记录仪，启动 X-Y 纪录软件并选择常规方式，输出设置为三角波，范围为−10V～+10V。

③断开开关 K，在灯管关闭的情况下测试 *I-V* 特性(暗电流)。

④打开开关 K，测试在光照下的 *I-V* 特性(光电流)。

⑤保存结果，关闭电源，整理实验器材。

(3) 光响应时间特性测试：

①将光敏薄膜样品放置在待测支架上，电极两端接通探针。

②打开计算机及 X-Y 记录仪，启动 X-Y 纪录软件并选择走纸方式，输出设置为三角波，范围为−10V～+10V。

③断开开关 K，在灯管关闭的情况下测试 *I-V* 特性(暗电流)。

④打开开关 K，测试在光照下的 *I-V* 特性(光电流)。

⑤保存结果，关闭电源，整理实验器材。

(4) 光谱响应特性测试：

①按图 2.28 连接好测试系统：

②打开系统的总电源和各部分器件的电源。

③将标准探测器放置在出射狭缝口，在均匀辐射的单色光辐照下测量标准探测器的光电流 $I_s(\lambda)$，记录数据。

④将被测探测器放置在出射狭缝口，在均匀辐射的单色光辐照下测量标准探测器的光电流 $I_x(\lambda)$，记录数据。

⑤实验测量结束，关闭所有电源开关，整理实验仪器。绘出样品的光谱响应特性曲线。

2.9.5　样品测试及实验数据处理

(1) 采用台阶仪测量 ZnO 薄膜的厚度。

(2) 测量 ZnO 薄膜的导电特性，记录其导电类型、载流子浓度、迁移率、电阻率等数据。

(3) 采用 AFM 表征 ZnO 薄膜的表面形貌，分析表面粗糙度，观察薄膜的结晶情况。

(4) 使用 X-Y 记录仪测量样品探测器的 *I-V* 特性和光响应时间，并分别作图分析其特性。

(5) 测出标准探测器与样品探测器的感光面积，按表 2-7 记录光谱响应电流并计算响应度等实验数据，画出被测探测器的光谱响应图。

(6) 建议溅射 ZnO 薄膜时，可分组设置不同的基片温度(200～500℃)，对比不同温度下的各组薄膜的测试结果，分析其微结构对性能的影响。

2.9.6 实验思考题

(1) 了解紫外探测材料的研究现状和发展趋势。

(2) 为什么选择 Si 基片和 ZnO 薄膜作为光敏材料？本实验中所用的光敏材料对应的光吸收范围为多少？

(3) 常用的金属电极有哪些？按它们的功函数大小排序。

(4) 思考光响应测试的影响因素有哪些？光响应测试的过程中为什么要保持光源的稳定性，光强对测试结果有无影响？

参 考 文 献

[1]唐伟忠. 薄膜材料制备原理、技术及应用[M]. 2 版. 北京：冶金工业出版社，2003.

[2]田民波. 薄膜技术与薄膜材料[M]. 北京：清华大学出版社，2006.

[3]李言荣. 电子材料[M]. 北京：清华大学出版社，2013.

[4]刘继芳，李庆辉. 光电子技术[M]. 北京：电子工业出版社，2002.

[5]史常忻. 金属-半导体-金属光电探测器[M]. 上海：上海交通大学出版社，2000.

[6]ektakXT 10th Generation Stylus Profiling System(台阶仪使用手册) [OL]. www. bruker. com[2018-10-08].

[7]王晓春，张希艳. 材料现代分析与测试技术[M]. 北京：国防工业出版社，2010.

[8]王富耻. 材料现代分析测试方法[M]. 北京：北京理工大学出版社，2006.

[9]管学茂，王庆良，王庆平. 现代材料分析测试技术[M]. 徐州：中国矿业大学出版社，2013.

[10]刘恩科，朱秉升，罗晋生. 半导体物理学[M]. 7 版. 北京：电子工业出版社，2011.

[11]Sze S M. 半导体器件物理与工艺[M]. 赵鹤鸣，钱敏，董秋萍，等译. 苏州：苏州大学出版社，2002.

[12]刘海军，蒋洪川，吴勐，等. 陶瓷基 Pt/ITO 薄膜热电偶的制备与性能研究[J]. 传感器与微系统，2015，03：18-20.

[13]赵源深，杨丽红. 薄膜热电偶温度传感器研究进展[J]. 传感器与微系统，2012，02：1-3.

[14]韦敏，邓宏，邓雪然，等. $Al_xZn_{1-x}O$ 合金 MSM 光电探测器的研究[J]. 光电子·激光，2011，22(2)：228-231.

[15]韦敏，邓宏，王培利，等. ZnO 基紫外探测器的研究进展与关键技术[J]. 材料导报，2007，21(12)：1-5.

[16]王庆有. 光电技术[M]. 北京：电子工业出版社，2008.

[17]Neamen D A. 半导体物理与器件——基本原理[M]. 3 版. 北京：清华大学出版社，2003.

[18]周弘毅，郭霞. 硅基光电探测器的研究[D]. 北京：北京工业大学，2015.

下 篇 电子陶瓷制备与测试分析

第 3 章　电子陶瓷基础知识

3.1　电子陶瓷制备简介

陶瓷是由工艺而得名的，通常将经过制粉、成型、烧结等工艺制得的产品称为陶瓷。陶瓷是一类质硬、性脆的无机烧结体。德国陶瓷协会定义陶瓷是化学工业或化学生产工艺的一个分支，包括陶瓷材料和器物的制造以及进一步加工成的陶瓷制品与元件。陶瓷材料属于无机非金属材料，最少含 30%的结晶体。一般在室温中先将原料粉末成型，再通过 800℃以上的高温处理，有时甚至经过熔化及析晶等过程，以获得这种材料的典型性质。根据所用原料和制作工艺的不同，陶瓷材料可以分为传统陶瓷和精细陶瓷两大类。传统陶瓷材料采用黏土、长石、石英等矿物原料经过精选、破碎加工、配料、成型和烧结等过程制成，所以传统陶瓷可归属于硅酸盐类材料和制品。精细陶瓷的制造过程基本上还是原料混磨、成型、烧结等传统的方法，但原料已不再使用或很少使用黏土等传统陶瓷原料，而是扩大到化工原料和合成矿物，甚至是非硅酸盐、非氧化物原料，组成范围也延伸到无机非金属材料的范围中，并且出现了许多新的工艺技术。按照主要成分来划分，精细陶瓷有氧化物陶瓷、氮化物陶瓷、碳化物陶瓷、金属陶瓷等。从应用领域及主要性能来区分，精细陶瓷又可细分为结构陶瓷和功能陶瓷两大类。前者以力学、热学、化学等性能为主，后者则以电、磁、光、超导等性能为主。压电陶瓷材料、磁性陶瓷材料、绝缘陶瓷材料、电介质陶瓷材料等电子陶瓷材料是功能陶瓷的重要组成部分。

电子陶瓷的制造工艺以高温固相反应法为主，该方法又称为普通陶瓷制造工艺。不同类型的具体材料，其制备工艺各有特点。但从各种陶瓷制备流程图可以看出，它们有许多共同之处，如配料、混磨、干燥、预烧、造粒、成型、烧结、后期加工等。图 3.1 是电子陶瓷材料制造的典型流程图。

电子陶瓷材料的性能可分为两大类：一类为本征或固有性能，主要取决于结晶化合物的性质及晶形结构；另一类为非本征性质，与显微结构有关，包括相组成及分布、晶粒和气孔的尺寸大小及分布、晶界特性、缺陷及裂纹、畴结构等。电子陶瓷材料性能的优劣一方面与原料的纯度、组分、形貌等内因有关，这些因素影响电子陶瓷材料制备过程中化学反应的进度、晶体的生长情况及显微结构的均匀性，进而影响到最终产品的性能；另一方面，电子陶瓷材料的性能还与制备工艺有着密切联系，工艺过程的变化影响化学反应和显微结构。在诸多的工艺环节中，原料是基础，成型是条件，而烧结是关键。

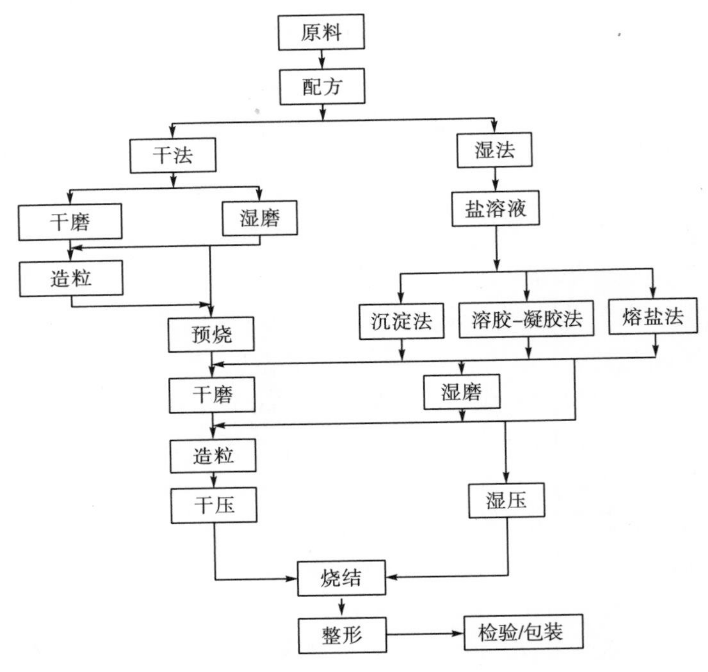

图 3.1 电子陶瓷材料制造的典型流程图

电子陶瓷制备常用的原材料为粉料，粉料特征可以从几个方面来描述：在化学组成上，它是化学计量，同时有杂质存在；在结晶学上，存在非反应相和第二相；在形貌上，实际粉料存在团聚现象，涉及粉料颗粒形状、尺寸分布及比表面积等参数；粉料的流动性等。通常混磨工艺也属于原料制备过程。实际制备过程中，首先，要考虑原料的来源(化工原料、天然原料还是工业副产品)对最终产品性能的影响和工艺参数的调整；其次，原料粉末颗粒外形、尺寸分布等表观形貌要满足一定的要求；最后，还要考虑原料的基础配方、添加剂的种类和用量等因素对产品性能和一致性的影响。

电子陶瓷制造常用的成型方法有干压成型、流延成型、热压成型等。成型过程主要考虑坯体密度及其分布、坯体内黏结剂分布、孔隙尺寸及分布等。

通常由加热烧结来实现电子陶瓷的致密化，即把成型后的坯体置于高温窑炉，通过物质扩散和迁移过程把坯体中的颗粒紧密连接在一起。如果扩散只是在固态下发生，就称为固相烧结；通过少量液相来促进扩散和迁移，则称液相烧结。烧结过程主要考虑致密化速率、气孔排除、第二相及其分布等因素。

3.2　粉料性能表征

原始粉料的堆积密度、流动性、密实度等都将影响电子陶瓷材料的最终性能。通常我们会考虑以下几方面的影响：①粉料化学组成和杂质含量；②第二相的情况；③形貌(团聚现象、粉料颗粒形状、尺寸分布及比表面积等)；④堆积特性。在实际制备电子陶瓷的过程中，主要考虑对工艺过程一些敏感的参数进行控制。例如，对于模压成型主要考虑压实密度，而对于流延成型主要考虑浆料的流变性。不同制备方法将得到不同的粉料特性，即使在同一制备工艺过程中，微小的变化也会对粉料特性产生很大影响。例如氧化锆粉料分别经水洗和丙醇洗涤，采用相同的压力成型，两种粉料的压实曲线明显不同，水洗增加了团聚体的强度，如图 3.2 所示。

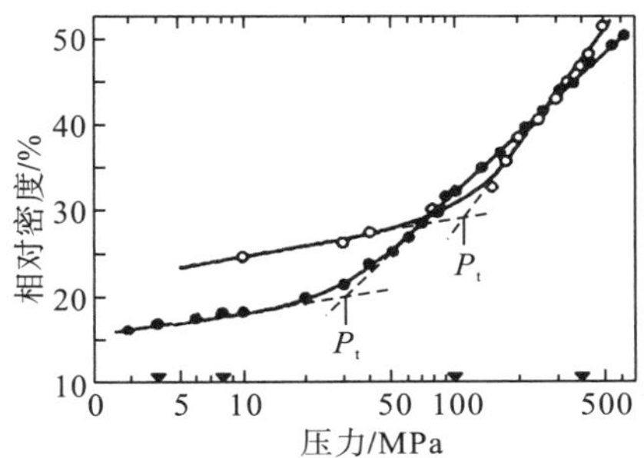

图 3.2　两种氧化锆粉料的压实曲线。经水洗的粉料用∘表示，用丙醇洗的粉料用 • 表示。

3.2.1　颗粒尺寸

粉料颗粒尺寸几乎影响所有的工艺环节，通常从颗粒大小和尺寸分布两方面表征。平均粒径是粉体最重要的物理性能，对粉体的比表面积、可压缩性、流动性和工艺性能有重要影响。而颗粒尺寸分布可以用直方图或连续曲线等图形来表示。频率分布表示各个粒径相对应的颗粒含量；累积分布表示小于(或大于)某粒径的颗粒占全部颗粒的比重。

不同加工方法制得的粉料颗粒外形不尽相同，对产品质量有很大影响。经喷雾造粒后制得的球形聚集体空隙率小、易于成型；而片状或者板状颗粒，由于搭桥现象的存在，成型密度往往偏低。

3.2.2 化学成分和含水量

实际粉体的化学成分因制备方法不同变得十分复杂。粉料中的含杂情况对工艺过程和最终产品的性能有不同程度的影响。XRD 常用于电子陶瓷原料及产品的成分分析。由于组成相含量达到百分之几时才可能被 XRD 检测出，而玻璃相杂质又不具有尖锐的衍射峰，因此不能根据 XRD 的单一结果进行判断。许多情况下，需要采用多种检测方法做综合分析。例如，化学分析方法、带有能谱分析的 SEM 观察等辅助手段常被应用。粉料的含水量对成型工艺影响较大。水分将影响到许多黏结剂的玻璃化转变温度，粉料的含水量还将增加粉料黏着力从而影响其流动性。通常用干燥前后粉料重量的变化来计算其含水量。

3.2.3 粉料的密度

粉料密度的大小在一定程度上决定了后续烧结过程的收缩大小。采用干压成型，通常需要测定粉料的敲打密度、松装密度和压实密度等参数。敲打密度是粉料装入容器后，用给定大小的力、按规定的次数敲打后的密度；松装密度则是粉料装入模具后没有加压时的密度；而压实密度是压实后坯体的密度。

3.2.4 粉料的流动性

粉料的流动性对于成型充模过程非常重要。为了改善流动性，使颗粒能很好充模，同时在压实过程中产生足够的形变来达到密实的效果，往往需要对电子陶瓷粉料进行造粒。测量流动性的一种简单方法是记录反映流动性的堆积角，即将粉料倾在一平板上，测量平板与粉料堆斜边的夹角。另一种较成熟的方法是使用 Jenike 剪切盒，在这种测试中，对粉料压实后施加一个正应力荷载，并用一侧向力使其上半部产生一个剪切力。以该剪切力对正应力作图，可发现两者之间呈线性关系，直线的斜率表示其内摩擦角的正切值，截距表示粉料的黏聚力。

3.3 粉料的混磨

粉料的混磨是影响产品质量的重要工艺之一。常用的混磨器械有球磨机、砂磨机、强混机、气流磨等。其中，使用最多的是球磨机和砂磨机。目前电子陶瓷制造中常用二次球磨工艺。配料之后的球磨称为一次球磨，主要目的是使不同种类的粉料混合均匀，以利于预烧时固相反应的进行。如果初始粉料颗粒较粗，将在此工序前予以磨细，以增进原料活性。预烧后的球磨称为二次球磨，主要作用是消除颗粒粘结、添加掺杂剂以及调控粉料粒度等。

3.3.1　球磨

球磨机的分类有滚筒式、行星式、振动式、搅动式几种。下面以滚筒式球磨机为例说明其工作机理。滚筒式球磨机常采用圆柱体滚筒，在球磨过程中，球磨筒将机械能传递到筒内的球磨物料及介质上，相互间产生正向冲击力、侧向挤压力、摩擦力等，当这些复杂的外力作用到脆性粉末颗粒上时，细化过程实质上就是大颗粒的不断解理过程。随着筒体转动速度的变化，滚筒内磨球和物料运动状态如图 3.3 所示。球磨机转速过低时，粉料的粉碎取决于磨球与物料在运动过程中的相互作用力，破碎效果较差。球磨机转速增加到适宜速度时，磨球被提升到较高高度，然后在重力作用下瀑布式地泻下，粉料在磨球的冲击下破碎，在球间摩擦力作用下被磨细，此时粉碎效果最佳。如果筒体转速继续增加将会导致磨球处于离心状态并沿筒壁旋转，对粉料无粉碎作用。

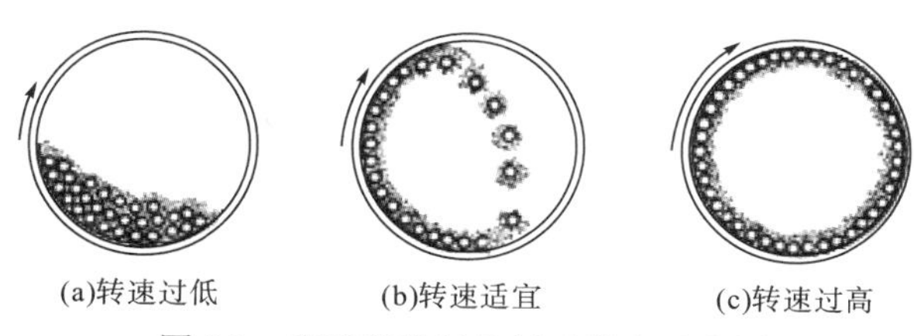

图 3.3　磨球和物料的运动状态示意图

经验证明，得到的颗粒更细，粒度分布更窄，混合也更均匀。湿法球磨中一般充填约 30%～40%体积分数的粉料，并在球磨液体介质(水、酒精等)中加入 1%(质量分数)的分散剂。粉料、磨球与分散剂之间的质量比一般取(1.5～2)∶1∶(1～1.5)。常用锆球、不锈钢球等作为磨球。磨球的选择主要考虑成本和球磨过程可能引入杂质的影响。目前，为提高球磨效率实验室常用行星式球磨机，除磨筒自转外，还伴有公转。行星式球磨机除了节能外，还具有体积小、质量轻、介质用量少和生产能力强等优点。

3.3.2　砂磨

砂磨通常是在圆筒内用旋转圆盘或搅拌棒使小磨球产生紊乱的高速运动，从而对粉料进行冲击、研磨。与球磨相比，砂磨具有混杂少、颗粒粒径小、流动性好、易于成型与烧结等特点。砂磨机有立式、卧式、篮式等几种。卧式砂磨机的结构示意图如图 3.4 所示。不过，砂磨机的起动转矩大，尤其是中途停止再起动较为困难，往往需要减少料浆方能起动。

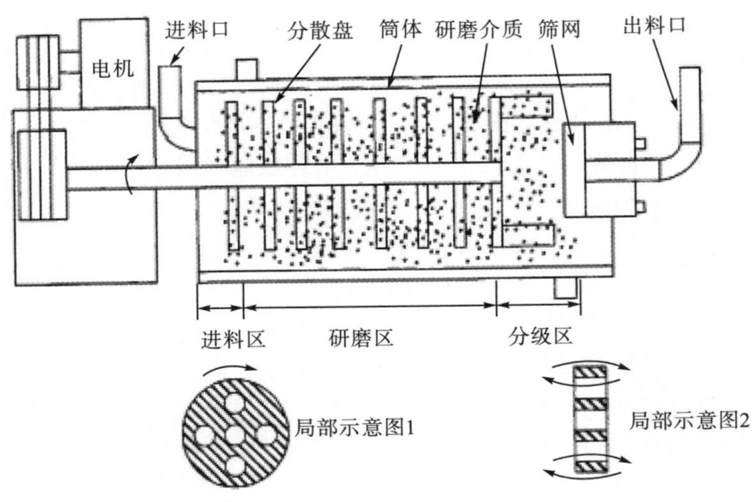

图 3.4 卧式砂磨机结构示意图

为了提高球磨效率，实际生产过程中会采用多级混磨的方式：粗粉碎(粉碎机)→粗磨(球磨机)→细磨(砂磨机)，以达到省时、节能、窄化粒度分布等目的。

混磨过程在实现物料混合的同时，粉料粒径大大减小，比表面积大幅增加，颗粒有可能处于高活性状态，有利于后期的固相反应和烧结过程。但长时间混磨可能出现引入杂质的问题(磨球和筒壁成分)，以及引起颗粒内部产生较大的晶格应变。

3.4 粉料制备方法

下面介绍常用的电子陶瓷粉料制备方法。

3.4.1 高温固相反应法

高温固相反应法是制备电子陶瓷的主流方法，其工艺流程如图 3.5 所示。在该方法中，固相反应基本上是在预烧过程中进行的。例如，将简单氧化物的粉末混合、球磨、煅烧可获得复合氧化物陶瓷粉末。

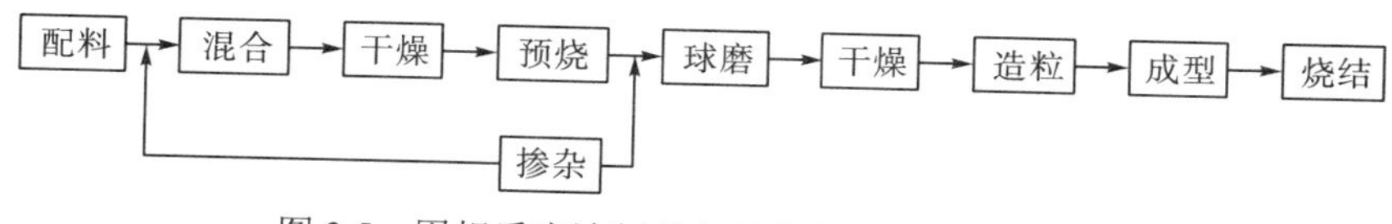

图 3.5　固相反应法制备电子陶瓷的工艺流程简图

高温下的固相反应是多相固体粉末在低于熔化温度下的化学反应，参与反应的离子或分子经过热扩散生成新的固溶体，继而出现新相。以 $ZnFe_2O_4$ 的生成为例，固相反应包括以下几个阶段：

(1) 表面接触期(<300℃)：该阶段无离子扩散，晶格结构亦无明显变化。

(2) 表面孪晶期(300～400℃)：这一阶段颗粒表面质点相互作用形成表面分子膜。

(3) 孪晶发展与巩固期(400～500℃)：表面分子膜结合强度加强，少数金属离子发生扩散至表面，表面离子接触构成新的表面分子，但该阶段尚无明显的新相生成。

(4) 全面扩散期(500～600℃)：表面与内部的 Zn^{2+}、Fe^{3+}离子充分扩散形成固溶体，产生晶格畸变，但尚在固溶度范围内，无新相出现。

(5) 反应结晶产物形成期(600～750℃)：$ZnFe_2O_4$ 新相出现，形成晶粒，密度提高。

(6) 形成化合物的晶格校正期(>750℃)：在这一阶段内进一步修正结构缺陷，晶粒长大，密度大大提高。

一般固相反应完成后，约有 90%～95%的原始粉料生成新相，新相出现的温度与反应完成的温度有可能相差甚远，如：

$$NiO+Fe_2O_3 \xrightarrow{600\sim800^\circ C} NiFe_2O_4 \xrightarrow{1100\sim1200^\circ C} \text{反应完成}$$

对于大多数固相反应而言，扩散过程是控制反应速率的关键。下面以 $MgO+Al_2O_3 = MgAl_2O_4$ 的生成反应为例，简要介绍固相反应的机制和特点。

在一定的高温条件下，MgO 与 Al_2O_3 的晶粒界面间发生反应而形成尖晶石型 $MgAl_2O_4$ 层(图 3.6)。假设：①氧离子未参与扩散过程；②Mg^{2+}、Al^{3+}以 3∶2 的比例进行相反方向的扩散，进入氧离子晶格间隙形成 $MgAl_2O_4$。如果在原接触界面做一标志，则在界面两边将按 1∶3 的比例形成 $MgAl_2O_4$ 相；③反应产物无限薄，从扩散过程概念出发，可以简单地认为反应速度与反应层厚度成比例，即 $dx/dt=k/x$，$x=(k't)^{1/2}$。式中，x 为在 t 时刻已进行反应的反应层厚度；k、k' 为反应速度常数。根据理论分析和实验验证，$MgAl_2O_4$ 生成反应的机制可表达为：

(a) $MgO/MgAl_2O_4$ 界面

$$2Al^{3+}-3Mg^{2+}+4Mg^{2+}-4O^{2-} = MgAl_2O_4$$

(b) $MgAl_2O_4/Al_2O_3$ 界面

$$3Mg^{2+}-2Al^{3+}+4Al_2O_3=3MgAl_2O_4$$

总反应为

$$MgO+Al_2O_3=MgAl_2O_4$$

采用粒度细、比表面积大、表面活性高的反应物原料，加压成片或造粒，以及加入少量熔点较低物质等手段有利于固相反应的进行。

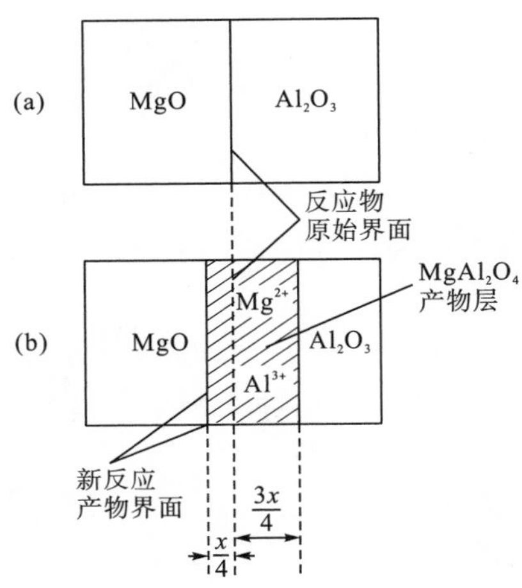

图 3.6　固相反应机制示意图

3.4.2　沉淀法

沉淀法是最早采用的湿化学法合成超细粉料方法。根据产生沉淀的方式可分为共沉淀法、均相沉淀法和化合物沉淀法。基本原理分别是：①在可溶性金属离子溶液中，加入沉淀剂；②在一定条件下由溶液内部均匀缓慢地产生沉淀；③在一定条件下，使盐类从溶液中析出，生成不溶性的氢氧化物、碳酸盐、草酸盐或有机酸盐等沉淀物。之后，将沉淀物分离洗涤，经热分解或脱水得到所需产品。沉淀法对于单一组分氧化物的制备具有控制性好、颗粒细小、表面活性高、性能稳定和重现性好等优点。

例如，采用草酸盐沉淀工艺制备 $BaTiO_3$ 粉体，其制备流程图如图 3.7 所示。

图 3.7　草酸盐法制备 $BaTiO_3$ 粉体的流程图

控制 pH 值、温度和反应物浓度的条件下，向氯化钡和氧氯化钛混合溶液中加入草酸，得到钡钛复合草酸盐沉淀。

$$Ticl_4 + H_2O = TiOcl_2 + 2Hcl$$

$$BaCl_2 + TiOCl_2 + 2H_2C_2O_4 + 4H_2O \longrightarrow BaTiO(C_2O_4)_2 \cdot 4H_2O + 4HCl$$

沉淀物经过滤、洗涤和干燥后煅烧，发生以下分解反应：

$$BaTiO(C_2O_4)_2 \cdot 4H_2O \xrightarrow{373\sim413K} BaTiO(C_2O_4)_2 + 4H_2O$$

$$2BaTiO(C_2O_4)_2 \xrightarrow{573\sim623K} BaTi_2O_5 + BaCO_3 + 4CO + 3CO_2$$

$$BaTi_2O_5 + BaCO_3 \xrightarrow{873\sim973K} 2BaTiO_3 + CO_2$$

该方法制备的 $BaTiO_3$ 纯度高、颗粒细且易于批量生产。

3.4.3 水热合成法

水热合成是指在一定温度和压强条件下，利用水溶液中物质的化学反应所进行的合成。由于水热条件下反应物性能改变、活性提高，有可能代替固相反应完成难于进行的合成反应。

在一定的高温高压下，一些氢氧化物在水中的溶解度大于对应的氧化物的溶解度，于是氢氧化物溶于水中，同时析出氧化物。该方法的优点在于能直接生成纳米晶氧化物，而一般化学法需要煅烧才能得到所需氧化物，煅烧过程可能出现硬团聚现象。例如，按一定物质的量比将 Ba^{2+}、Fe^{3+}的硝酸盐混合在水溶液中，添加适量 NaOH，得到 $Ba(OH)_2$、$Fe(OH)_3$ 沉淀。然后，将沉淀物在 150～300℃进行水热处理，则析出 $BaO{\cdot}6Fe_2O_3$ 六角片状结晶(图 3.8)。

图 3.8 六角铁氧体微晶的扫描电镜图片

3.4.4 喷雾热分解法

喷雾热分解法的基本原理是将金属盐溶液通过喷雾形成微小液滴，然后对小液滴进行加热，使其中液相蒸发，进而通过高温使盐类分解转化成氧化物球形颗粒。

目前，磁性材料制造中普遍采用由钢铁厂清洗钢板的废酸液再生而得到的氧化铁作为原料，该工艺称为鲁特纳(Ruthner)法。首先，将稀盐酸清洗钢材后得到的氯化铁废液在洗涤室与热交换器中进行浓缩，然后将浓缩液喷入焙烧炉中进行热分解，氯气溶于水，生成的盐酸，副产品氧化铁组成为α-Fe_2O_3，呈中空球体，外径为20～400μm，由平均粒径0.10～0.25μm的微颗粒组成。假如进入焙烧室中的是多种金属离子的氯盐混合溶液，如含有Mn^{2+}、Zn^{2+}、Ni^{+}等离子，则可直接生成对应成分的化合物。由于酸洗液中含有钢材本身带来的各种杂质元素，为了提高氧化铁的纯度，可先将酸洗液晶化提纯，再溶解后实施喷雾焙烧。

3.4.5 溶胶-凝胶法

溶胶-凝胶法是将金属有机或无机化合物经过溶胶、凝胶化和热处理，形成氧化物或其他化合物的方法。该方法具有颗粒细小、化学均匀性好、烧成温度低、反应过程易于控制等优点。

溶胶-凝胶过程起始反应先驱物多为金属盐类水溶液或金属有机化合物的溶液，反应物经历分子态→聚合体→溶胶态→凝胶态→晶态的一系列变化过程。

传统的溶胶-凝胶法分为无机盐法和醇盐法两种。前者一般通过无机盐的水解制得溶胶，进一步凝胶化转变成凝胶，再经干燥和焙烧后形成粉体材料。该方法不宜用于多组分体系，特别是当各先驱体的反应活性不同和水解缩聚速度不匹配时，会造成成分的偏析，因而应用受到限制。醇盐法主要通过金属醇盐的水解与缩聚反应得到溶胶，进一步缩聚得到凝胶，再经热处理得到粉体材料。由于醇盐价格昂贵，而且许多低价金属醇化物不溶或微溶于醇，该方法的应用也受到限制。为此，人们将金属离子形成络合物，使之成为可溶性产物，然后经过络合物型溶胶-凝胶过程形成凝胶，经不同的处理后，可得到不同形态的产物。此法可以将各种金属离子均匀地分布在凝胶中，显示出溶胶-凝胶法的优越性，因而倍受重视。例如，柠檬酸盐的溶胶-凝胶法利用柠檬酸，通过氨水和Ba^{2+}、Ti^{4+}等金属离子的络合作用，形成各自的柠檬酸盐溶液，在一定的温度及pH值条件下混合反应形成钡-钛的溶液、溶胶，进而结晶成钛酸钡晶体(图 3.9)。此方法对实验条件要求较低，且干凝胶的煅烧温度也较低。

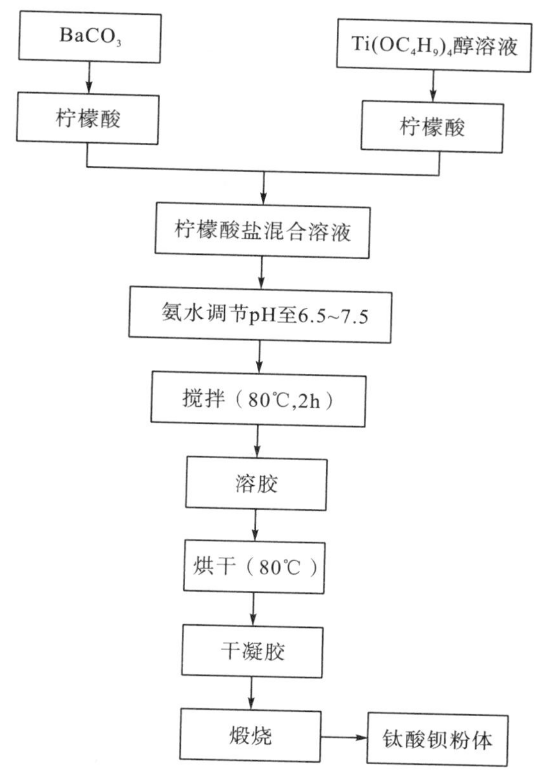

图 3.9　柠檬酸盐法制备钛酸钡粉体的流程图

3.4.6　自蔓延合成法

自蔓延合成法是基于热化学反应的基本原理，利用外部热量诱导局部化学反应形成化学反应燃烧波，然后，燃烧波蔓延至整个反应体系(化学反应在自身热量的支持下继续进行)，最后合成所需的材料。

由于自蔓延合成反应过程中材料经历了很大的温度变化，生成物中缺陷和非平衡结构比较集中，可以制造某些非化学计量比的产品、中间产物、以及介稳相等。该方法具有节能、高效、合成产品纯度高、合成成本低、易于规模生产等优点，目前已用于制备碳化物、硼化物、硅化物、氮化物、金属间化合物等。

3.4.7　溶胶凝胶自燃烧法

溶胶凝胶自燃烧法是将溶胶-凝胶法和自蔓延合成法有机结合的一种合成方法。该方法常利用一些盐类的氧化性和碳氢官能团的还原性，在热诱导下自发发生氧化还原反应。如图 3.10 所示，采用硝酸盐和乙酸盐等金属的无机盐为原料，配制成溶液，在络合剂的作用下，形成均匀的溶胶；然后经溶胶-凝胶化，进一步脱水和干燥，得到干凝胶；把干凝胶在室温下点燃，此时干凝胶就会自发燃烧，以一定的速度向前推进，直到燃烧完全。由此可直接得到了所需的产物，而无需进一步的煅烧。

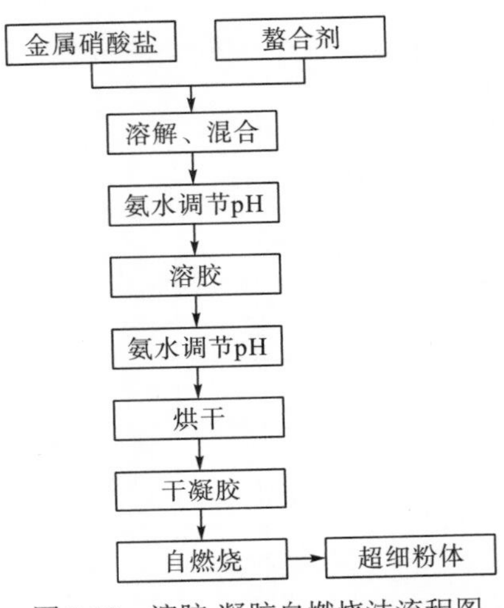

图 3.10　溶胶-凝胶自燃烧法流程图

3.5　成 型 技 术

为了获取满足形状、密度和均匀性要求的素坯，各种成型技术被用于电子陶瓷材料的制备。

3.5.1　坯体特性

1. 粉料的堆积密度

堆积密度指粉料在模具中自然堆积或适当振动后形成的填充程度，与堆积方式、粒径配比、粉料质量等有关。堆积密度越大，成型效果越好。实践经验表明，对粉料纵向或者三维方向加以振动，可以有效提高成型粉料的堆积密度。

2. 粒径配比

不同粒径粉料组合情况下，由于细颗粒填充粗颗粒之间的堆积间隙，可使坯体密度提高。工艺研究发现，球磨时间越长，粉料的粒度越细，且粒径也越接近一致，不利于后期坯体堆积密度提高。

3. 粉料的流动性

粉料的流动性与粉料颗粒的形状、大小、表面状态、密度、孔隙率等有关。粉体的流动性常用休止角和流速表征。

4. 压制过程坯体的变化

坯体相对密度随成型压力的变化而变化，通常有三个阶段：在压制的第一阶段密度变化并不大；第二阶段密度随压力增加直线提高；第三阶段密度变化也较平坦。由于粉料颗粒之间以及粉料与模具壁之间存在摩擦力，成型过程中，坯体中压力分布不均匀，坯体高度/直径比值愈大，则不均匀分布现象愈严重。

5. 造粒

二次球磨后的粉料粒度细，成型过程中颗粒间的接触面大，粉料之间、料与模具之间的摩擦力大，难于成型和脱模。为了改善坯体成型质量，实验室通常将粉料与黏合剂溶液混合，然后过筛，挑选出一定尺寸范围的颗粒，该过程称为造粒。常用黏合剂有水、聚乙烯醇、石蜡等。工业生产中常采用喷雾干燥法进行造粒，其原理如图 3.11 所示。将掺有黏合剂的料浆泵送至干燥塔，由离心盘或喷嘴喷出雾滴，经高速热空气流干燥，分散成粒径不同的团状颗粒，经筛选备用。喷雾干燥后的颗粒呈球形，流动性好，对模具损耗小。通常，造粒被视作是保障生产稳定性和一致性的重要环节。

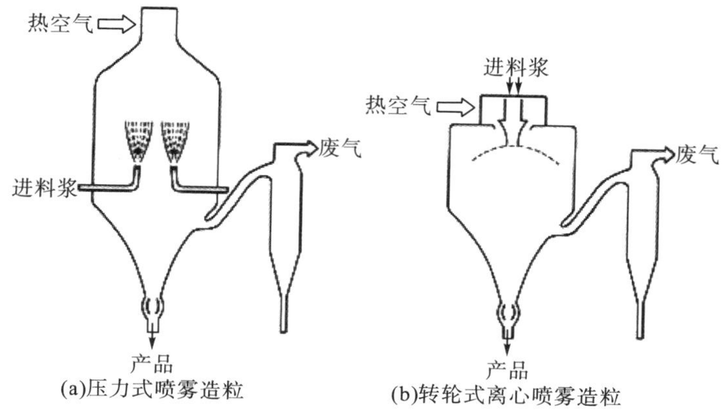

图 3.11　喷雾造粒原理示意图

3.5.2 成型方法

实际应用中根据制品的外形繁简、形状、大小、厚薄等选择不用的成型方法。下面简要介绍几种常用方法的工作原理及应用特点。

1. 模压成型

首先将粒径配比合适、流动性好的造粒粉料倒入一定形状的钢模内，然后借助模塞施加外力，将粉料压制成一定形状的坯体。由于粉料颗粒之间以及粉料颗粒与模具壁之间存在摩擦力，压力分布不均匀性明显，特别是采用单轴向加压的时候，压制过程中成型压力向模具内粉体深处传递发生衰减，导致坯体内密度存在变化。该方法成型效率高，因此在工业化生产和实验室中被广泛用于形状简单的制品的成型。

2. 等静压成型

为了弥补模压成型存在压力分布不均匀的问题，等静压成型利用了液体介质的不可压缩性和均匀传递压力的特点。例如，常见的湿袋式等静压成型是将预成型的坯体放入可变形的包套内，然后施加各向均匀的压力。压制过程结束后，再将装有坯体的湿袋从容器内取出。该方法获得的坯体均匀致密，烧成收缩小，可用于实验室和一定规模生产中等复杂程度的部件以及叠层元器件的制造。

3. 流延成型

流延成型的过程如下：细磨后的粉料首先与溶剂一起球磨，然后与黏合剂和增塑剂等混合成浆料；经除泡(避免膜坯中产生针孔)后的浆料置于刮板前方的储浆槽内；储浆槽底部的载带沿刮刀拉伸同时，浆料被刮刀刮压涂敷在载带上形成一定厚度的膜，经干燥、固化后缠绕成卷，由此制备出含有粉料颗粒及黏合剂，厚度范围可从十几微米到一毫米的“生瓷带”。流延成型主要用于制造电子陶瓷电路基板、电容器、蜂鸣器、超声马达用压电陶瓷等器件。

4. 轧膜成型

轧膜成型过程中，首先将陶瓷粉料和有机黏合剂混炼得到黏塑体，然后将黏塑体放入轧辊之间，通过轧辊成型为带状。通常将黏塑体料多次轧膜(粗轧—细轧—冲片)以达到要求厚度。轧模成型得到的膜片厚度均匀，厚度大于流延法成型的膜，一般为几百微米或者更厚一些。该方法具有设备和工艺简单、效率高等优点。

5. 磁场成型

各向异性磁性材料的制备常用磁场成型法，利用成型压制时附加直流磁场，使单畴颗粒的易磁化方向沿着附加磁场方向取向排列，坯体烧结后可获得各向异性的材料。根据附加磁场方向不同，分为平行磁场成型法和垂直磁场成型法两类。前者的成型效率高，而后者的坯件取向度较高。

3.6　烧结技术

3.6.1　烧结过程

从微结构变化来讲，烧结是物质从物理接触状态转变为致密的多晶陶瓷结构的过程；从工艺过程来看，烧结通常是指成型体在常压或加压下高温加热，使颗粒之间互相结合，排除颗粒之间的气孔，提高材料的密度、强度等性能的过程。从成型体到烧结体的内部结构变化示意图如图 3.12 所示。

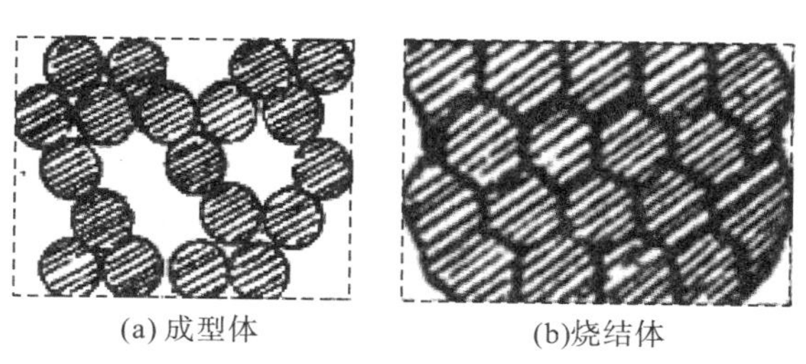

(a) 成型体　(b)烧结体

图 3.12　成型体和烧结体结构示意图

伴随着烧结温度的升高，坯体内发生了一系列变化：多元复合体系的高温合成反应，产物相晶核出现及晶粒生长，颗粒间的大量气孔被排除，坯体密度提高、强度增加、趋于致密化等。相应地，电子陶瓷材料表现出优良的电磁特性。烧结体中存在晶粒、晶界和气孔，其性质不仅取决于构成晶粒的结晶物质的特性，还很大程度上受微观结构影响。而微观结构既与原料粉末原料特性有关，又和工艺过程，特别是烧结过程密切相关。实际的烧结体可能出现多晶单相、多晶多相及玻璃相等复杂情况，如图 3.13 所示。烧结过程的推动力主要源于分散制粉过程引起的表面自由能的增加以及制粉过程出现的空位、畸变、局部应力等缺陷的增加。

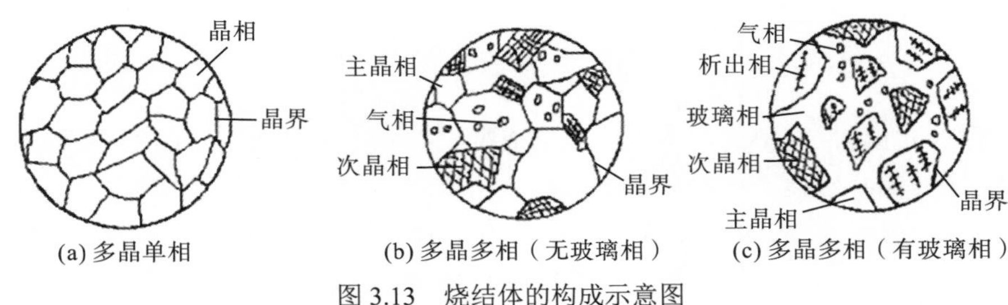

图 3.13　烧结体的构成示意图

1. 烧结过程的物质传递方式

烧结过程的物质传递方式可能有以下几种，在一定条件下，往往是某种机制起主要作用。

(1) 流动传质。分为黏滞流动和塑性流动。流体在相对运动时都要产生内摩擦力，称为流体的黏滞性或黏性。烧结过程中存在液相的情况下，当包围粉料颗粒的液相的表面张力超过颗粒的极限剪切力时，颗粒产生形变与流动，导致坯体收缩，直到烧结成致密的陶瓷。塑性流动是以结晶塑性变形机制为主的物质流动。热压烧结时，尽管无液相参加，但有外加的应力使颗粒变形并产生塑性流动。此外，细粉具有高表面能，粉料的塑性和液体的流动性也大大增加。

(2) 扩散传质。分为表面扩散、体积扩散和晶界扩散，出现在多数固体材料的烧结过程中。表面扩散指在表面能的作用下，质点沿表面而扩散，力图使表面积最小。体积扩散是由于坯体内浓度梯度的存在，离子或空位从一个位置迁移到另一个位置。扩散主要取道空位，通过扩散，可排除气孔；通过离子扩散可形成固溶体。而晶界内扩散速率要比晶粒内大十几万倍甚至更多；在液相中扩散速率比晶界内大几个数量级。

(3) 蒸发-凝聚传质。由粉料颗粒各处的蒸气压不同而引起。质点从高能量的凸处蒸发，在低能量的凹处凝结。颗粒愈小，表面曲率愈大，蒸气传输的推动力也愈大。气相传输可以改变颗粒的形状，使相邻粒子结合，增大材料强度，减少开口气孔，然而它并不导致收缩，因此不能致密化，必须伴有其他传输机制，才能达到致密化。该种传质方式常见于高温下蒸气压较大的体系，如氧化铅、氧化铍、氧化铁等材料的烧结。

(4) 溶解和沉淀传质。表面能较高的小晶粒中的质点不断在液相中溶解，同时又不断向表面能较低的大晶粒处析出的现象。

2. 烧结过程的划分

根据烧结过程中微观结构的变化，烧结过程可划为以下三个阶段：

(1) 烧结初期。伴随温度的升高，颗粒黏结，一次颗粒间一定程度的界面，即颈的形成(颗粒间的接触面从零开始，增加并达到一个平衡状态)。这个阶段不包括晶粒生长，颗粒的外形基本保持不变。烧结初期对致密化的贡献很小，一般仅有百分之几。

(2)烧结中期。随着温度的继续升高，离子向颗粒结合面迁移使烧结颈扩大，颗粒间距离缩小，形成连续的孔隙网络，并伴随颗粒间界面的广泛形成。晶粒生长开始，空隙进一步变形、缩小，但气孔仍然连通，大部分致密化过程和部分显微结构的发展发生于这一阶段。

(3)烧结后期。传质继续进行，晶粒长大，气孔趋于孤立，而晶界逐渐变得连续。烧结后期主要通过小孔隙的消失和孔隙数量的减少来实现收缩，致密化速率明显减慢，而晶粒生长较迅速。残余气孔位于两晶粒的界面、三晶粒的界线或多晶粒的结合点处，也可能被包裹在晶粒内部。如果发生异常晶粒生长，大量气孔陷入晶粒内部，并与晶界隔绝，则烧结过程停止；如果异常晶粒生长现象可以避免，则可排除停止在晶粒边界上的气孔，达到接近理论密度的高密度。

3. 晶粒生长

通常晶粒生长指无应变热处理时，材料平均晶粒尺寸连续增大的过程。平均晶粒尺寸与粉末原料的粒度和工艺过程有密切关系，相对细小的原料颗粒有利于得到较大的平均晶粒尺寸。而二次再结晶现象又被称为异常或不连续的晶粒生长，二次再结晶使少数较大的晶粒成核并长大，这种长大以消耗基本无应变的细晶粒基质来实现。在烧结过程中，晶粒生长常被少量的第二相或者气孔所抑制，这种情况下，只有少数界面高度弯曲的过大晶粒能够长大，而基质材料仍保持均匀的晶粒尺寸。较宽的原料颗粒分布、过长时间的球磨、球磨过程中引入的杂质、预烧温度过高、烧结过程升温速度过快等因素都容易产生非连续的晶粒生长。研究发现，严重的二次再结晶现象往往伴随有过大晶粒的出现，晶粒内容易陷入大量的气孔，如图3.14所示，与此同时，材料强度和电磁性能均明显劣化。

(a)正常晶粒生长

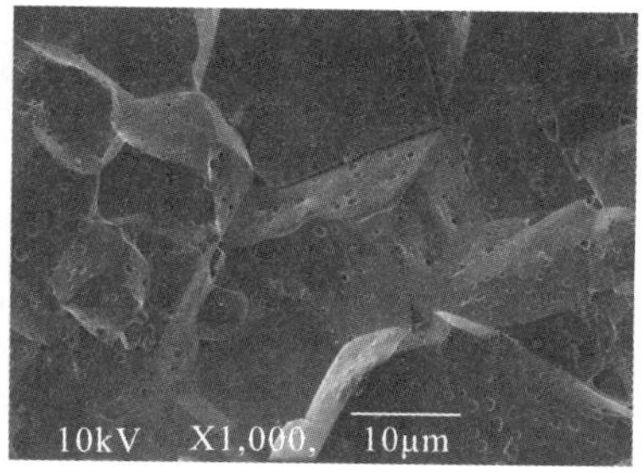

(b)二次再结晶

图3.14 NiZn铁氧体正常晶粒生长和二次再结晶典型SEM图片

4. 气孔排除与致密化

成型坯体内的气孔在烧结过程中历经聚集然后逐步排除的过程，伴随气孔排除，坯体致密化程度逐步提高。气孔排除与晶粒生长和致密化有关，影响气孔排除的因素包括成型密度、气孔压应力、颗粒尺寸分布等。

受气孔尺寸分布的影响，实际成型坯体的致密化过程十分复杂。一般而言，成型坯体的初始密度在一定范围内对烧结密度的影响不大。但初始密度如果过低，致密化过程由于气孔热力学稳定性的原因将受到明显影响。相同的成型密度情况下，具有较宽气孔分布的成型坯体的收缩速率一般低于气孔尺寸分布较窄的成型坯体。极端情况下，由团聚体引起的具有较宽尺寸分布的成型坯体有可能达不到烧结后期，即使进入烧结后期，较宽的气孔尺寸分布也很有可能保持到烧结后期。

电子陶瓷内部气孔的大小、形状、分布与烧结温度等有关。当烧结温度较低时，气孔往往呈不规则的多面体，细小而密布于晶界；烧结温度较高时，气孔变为圆球形，尺寸较大。通过降低原料平均粒径、采用高纯原料并缓慢加热、掺杂抑制异常晶粒生长、加压烧结、控制烧结气氛等措施可以有效降低气孔率，获得致密的烧结坯体。

3.6.2 烧结过程的控制

电子陶瓷的制备一般采用二次烧结工艺，分为预烧和二次烧结两个环节。

1. 预烧

预烧通常是指在低于烧结温度的条件下将一次球磨后的粉料焙烧数小时，使各原料初步发生化学反应，减小烧结时产品的收缩率，提高成品率。常采用粉末造粒或预压块状以增加颗粒间接触面积与压力，促进固相反应的进行。预烧温度的选择对控制产品的收缩率、形变以及确定最佳烧结温度有很大的影响。一般而言，预烧温度过低，固相反应不能充分进行；而预烧温度过高，则要求较高的最佳烧结温度。

2. 烧结制度

烧结制度(烧结温度、升降温速率、烧结气氛等)的变化影响原料间化学反应的程度以及最终物相的组成、密度、晶粒大小等，进而显著影响电子陶瓷的综合性能。烧结过程的控制通常包括升温、保温和降温三个阶段：

(1)升温过程。通常，为了防止因水分及黏合剂集中挥发而导致坯件热开裂与变形，在升温阶段(250～600℃)以一定的速度缓慢升温。待黏合剂挥发完后，可适当加快升温速度。特别地，采用流延成型的坯件，由于其中含有大量黏合剂、增塑剂、分散剂等有机化合物及溶剂，为避免升温过程中这些物质大量熔化、分解和挥发而导致坯体变形甚至开裂，需要先经过排胶工序将坯体中的黏合剂等物质排除干净，再进行产品的烧结工序。

(2) 保温过程。为实现致密化，坯体一般都要在适宜的烧结温度、烧结气氛下保温一段时间。提高烧结温度或延长保温时间，一般会有利于化学反应完全、密度增加、晶粒增大等。但过高的烧结温度以及过长保温时间，也会破坏组织结构的均匀性，反而使电子陶瓷的性能变差。

(3) 降温过程。降温过程指从烧结温度降至室温的过程，首先要考虑冷却速度是否适宜，倘若冷却速度过快，容易因热胀冷缩而导致产品冷开裂或产生大的内应力，恶化产品性能；其次要考虑冷却过程中是否会出现氧化-还原反应、产生脱溶物等情况；最后，对易变价的电子材料，控制冷却过程中的氧气氛条件尤为重要。烧结过程中常见的几种开裂类型见图 3.15。

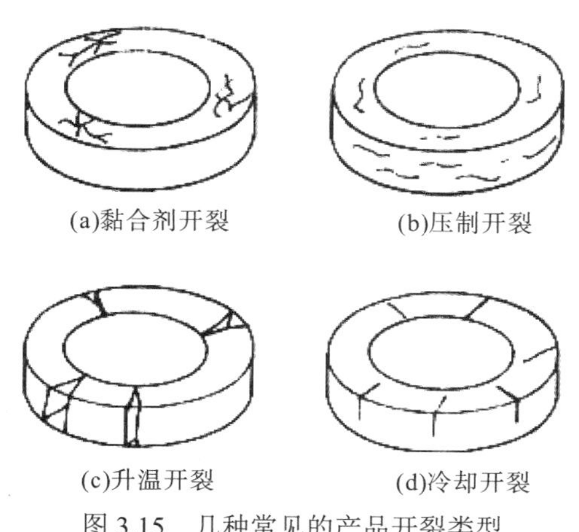
(a)黏合剂开裂　(b)压制开裂
(c)升温开裂　(d)冷却开裂
图 3.15　几种常见的产品开裂类型

3. 烧结气氛和助剂

为了控制材料的化学组成及缺陷，实际烧结过程中，有时需要在加热和冷却期间对气氛条件加以控制。为了避免材料组分挥发，烧结过程中常使用埋粉或包封烧结。埋粉烧结是将烧结制品埋入与制品粉末组成相近的粉末中一起烧结。埋粉烧结可抑制被烧部件中某些材料的挥发，例如将 $Pb(Ti,Zr)O_3$ 试样埋在 $PbZrO_3$ 粉末内烧结可有效抑制 PbO 挥发。包封烧结是将制品置于惰性金属或玻璃容器中，烧结时少量待烧制品产生的蒸气压足以阻止材料的进一步分解和挥发。引入助烧剂的目的主要是加速材料烧结过程或控制显其微结构。例如，将 Bi_2O_3（熔点 825℃）加入锂铁氧体待烧制品中，可使烧结温度降低并有效抑制 Li_2O 的挥发，从而达到高密度。

3.6.3 烧结种类

根据烧结技术手段的差异，可以简单地将烧结种类划分为常规烧结和特种烧结两大类。

1. 常规烧结

常规烧结即传统的常压烧结方式，又以烧结过程中是否出现液相而分为固相烧结和液相烧结。

(1) 固相烧结。固相烧结指在烧结温度下基本上无液相出现的烧结，如高纯氧化物的烧结过程。影响固相烧结的因素主要是扩散速率。温度越高，离子扩散速率越快，晶格缺陷越多，表面能越大，扩散驱动力也越大。

基于固相烧结机理，Kingery 推导出固相烧结的烧成收缩：

$$\Delta L / L = (20\gamma a^3 D^* / kT \times 2^{1/2}) r^{-6/5} / t^{2/5}$$

式中，$\Delta L / L$ 表示线收缩率；a^3 表示扩散空位的原子体积；k 表示玻尔兹曼常量；t 表示时间；γ 表示表面能；D^* 表示扩散系数；T 表示温度；r 表示粒子半径。

研究表明：①烧结速率随时间而下降，并有一个终点密度；②烧结速率大致与颗粒尺寸成反比；③当晶界扩散、晶粒内扩散增大时，烧结速率将提高，且两种扩散均依赖于温度。因此，控制颗粒尺寸和分布十分重要，其次是控制时间。

对于烧结过程中未涉及化学反应的单一化合物体系，烧结驱动力主要来自于表面自由能的降低以及位错、结构缺陷、弹性应力等消失而引起的体系自由能降低。对于烧结中涉及化学反应的多元化合物体系，烧结驱动力还包括化学势能的降低。

(2) 液相烧结。液相烧结是指在烧结过程中有液相出现的烧结，即烧结温度至少高于坯体中某种粉末的熔融温度。液相烧结过程中，物质的传质机理以黏滞流动和溶解-沉淀传质方式为主。烧结作用与液相的黏度、液相和固相间的润湿情况及接触面积大小等因素有关。当液相少而固相颗粒的表面积大时，只能在颗粒表面生成一层很薄的吸附层，在颗粒接触的颈部形成凹面。在表面张力的作用下，液相就往孔隙填充并把颗粒拉紧在一起，从而产生坯体的收缩。液相烧结的致密化过程包括颗粒重排、气孔排除、溶解-沉淀、晶粒生长和粗化四个阶段。

2. 特种烧结

特种烧结包括热压烧结、放电等离子烧结、微波烧结等烧结方式。

(1) 热压烧结。热压烧结是在烧结过程中，对坯体施加压力从而加速致密化过程的烧结方法。与常规烧结比较，热压烧结的温度更低，烧结时间更短，同时，由于在烧结体系内施加压力而减少了易挥发组分的挥发，更易于制备高致密度材料。不同于常规烧结方式，热压烧结的烧结速度取决于压力作用下产生的塑性流动而非扩散。

根据加压方式的不同，热压烧结可分为单轴向热压法与热等静压法两大类。前者因设备条件的差异又有普通热压和连续热压之分。热等静压烧结过程中常采用氮、氩等气体作为压力传递的介质。首先用普通陶瓷工艺将材料烧结成相对密度大于 90%的试样，放入套膜(用软钢、纯铁、不锈钢或陶瓷纤维等做成)后置于高温加热容器中心，并采用工作气体进行加压。

(2) 放电等离子体烧结。放电等离子体烧结是通过在装有粉末的模具两端加上瞬间、高能脉冲电流，使粉末颗粒间产生高能等离子体，从而实现粉末的净化、活化、均化等效应，是一种新型快速烧结技术，广泛用于磁性材料、梯度功能材料、纳米陶瓷、纤维增强陶瓷和金属间化合物等系列新型材料的烧结。

(3) 微波烧结。微波烧结是利用微波与材料的结构耦合而产生热量，通过介质损耗使材料整体加热至烧结温度从而实现致密化的方法。由于微波的体积加热特点，从而实现材料中大区域的零梯度均匀加热，使材料内部热应力减少，避免开裂、变形倾向。同时，由于微波能被材料直接吸收转化为热能，所以能量利用率极高，比常规烧结节能 80%左右。研究结果表明，微波辐射会促进致密化和晶粒生长，加快化学反应。在烧结过程中，微波不仅仅只是作为一种加热方式，微波烧结本身也是一种活化烧结过程。微波与材料耦合的特点，决定了用微波可进行选择性加热，从而能制得具有特殊组织的结构材料，如梯度功能材料。这些优势使得微波烧结在高技术陶瓷及金属陶瓷复合材料制备领域具有广阔的应用前景。

3.7　电子陶瓷材料结构表征

3.7.1　物相分析

物相分析是指利用衍射分析的方法来探测晶格类型和晶胞常数，从而确定物质的相结构。物相分析包括对材料物相的定性分析，还包括定量分析和各种不同物相在材料中的分布情况分析。主要物相分析手段有 X 射线衍射、电子衍射和中子衍射。常用 XRD 来鉴别多晶物质的物相、测定晶体结构和结晶程度，是研究物质结构的重要方法。因为 X 射线的波长大小通常可以与物质晶体内的原子面间距相比，由衍射的产生原理可知，受到 X 射线照射后物质内的原子将散射产生衍射现象。因此通过观察衍射波叠加的强度就能得到物质内的原子排布规则。当入射束和待测晶体的角度发生偏转，达到布拉格衍射要求的晶体晶面的衍射峰就会以强弱不等的衍射强度的方式在 XRD 图谱上显示出来。

X 射线衍射的工作原理是由阴极产生一束电子，在高压的作用下加速打向阳极金属靶材(如 Cu 靶)，加速后的电子碰撞会使得一部分 Cu 原子的 1s(K 层)轨道电子发生电离，使得处于外层轨道 2p 或 3p 上的电子跃迁到 1s 轨道上，并释放出 X 射线。当 X 射线以掠角 θ(入射角的余角)入射到某一晶面间距为 d 的原子面上时，在符合布拉格公式 $2d\sin\theta=n\lambda$(式中 λ 为 X 射线的波长，n 为任何正整数)的条件下，将在反射方向上得到因叠加而加强的衍射线。采用辐射探测器在一定角度范围内绕样品旋转，则可接收到粉末晶体中不同晶面、不同取向的全部衍射线，从而获得相应的衍射谱图。每一种结晶物质都有自己独特的衍射图谱，它们的特征可以用各个衍射晶面间距和衍射线的相对强度来表征。其中晶面间距与晶胞的形状和大小有关，相对强度则与质点的种类及其在晶胞中的位置有关。已知波长 λ，测出 θ 后，利用布拉格公式即可确定点阵平面间距、晶胞大小和类型；根据衍射线的强度，还可进一步确定晶胞内原子的排布。

本系列实验采用丹东浩元仪器有限公司的 DX-2700 X 射线衍射仪，采用 Cu 靶，管压为 40kV，管电流为 30mA，设备构造如图 3.16 所示，主要由 X 射线发生器、X 射线管、测角仪、循环水冷却装置、控制单元、微机系统等构成。

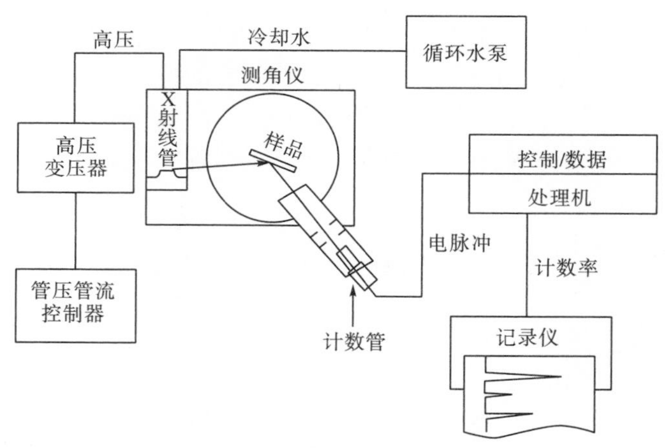

图 3.16　DX-2700 型 X 射线衍射仪结构框图

X 射线衍射分析的样品主要有粉末样品、块状样品、薄膜样品、微区微量样品。样品不同，分析目的不同(定性分析或定量分析)，则样品制备方法也不同。电子陶瓷研究常用粉末和块状样品。

(1) 粉末样品。用于 XRD 分析的粉末试样要求满足晶粒细小、试样无择优取向的条件。通常用玛瑙研钵将粉末试样研细。定性分析的粉末粒度应小于 44μm(350 目)，而定量分析试样需要研细至 10μm 左右。粉末样品架选用玻璃试样架，一般在玻璃板上蚀刻出 20mm×18mm 的试样填充区，将待测粉末放进试样填充区，分散均匀后用玻璃板压平实，要求试样面与玻璃表面齐平。

(2) 块状样品。待测陶瓷样品(大小不超过 20mm×18mm)表面经研磨抛光、清洁后用橡皮泥粘在铝样品支架上，要求样品表面与铝样品支架表面平齐。

3.7.2 显微结构分析

电子陶瓷材料微结构研究中常用 SEM 来观测试样表面或者断口截面的形貌，结合 EDS 开展微区成分分析。

1. 微区形貌观测

SEM 是介于透射电镜和光学显微镜之间的一种微观形貌观察设备，广泛用于电子陶瓷材料形貌、组织和结构的观察分析。SEM 由电子光学系统、扫描系统、信号接收处理、显示记录系统、电源系统和真空系统组成，如图 3.17 所示。其工作原理是从电子枪阴极发出的电子束，受到阴阳两级之间的加速电压的加速，然后经过聚光镜和物镜，会聚成孔径角较小，束斑为 5～10nm 的电子束，并在样品表面聚焦。高能电子束与被测物质相互作用产生二次电子、背反射电子、X 射线等信号，这些信号分别被不同的接收器接收，经放大、转换后变成电压信号，最终被送到显像管上成像。

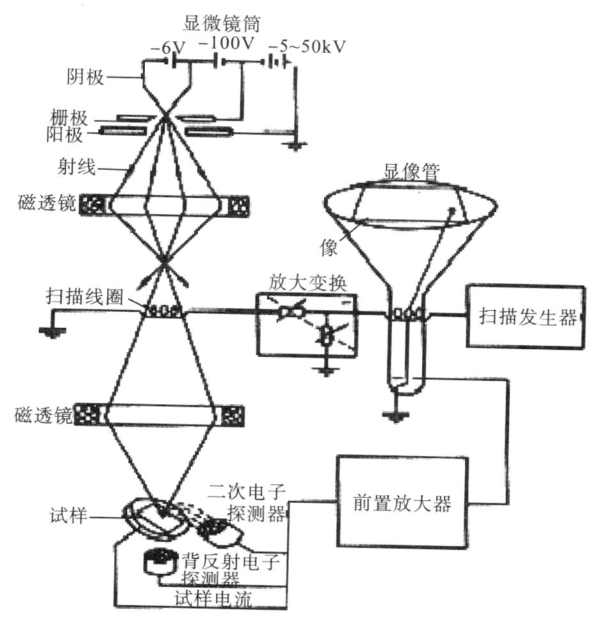

图 3.17 SEM 结构示意图

2. 微区成分分析

EDS 由检测系统、信号放大系统、数据处理系统和显示系统组成，如图 3.18 所示。利用半导体检测器对特征 X 射线的能量进行鉴别。

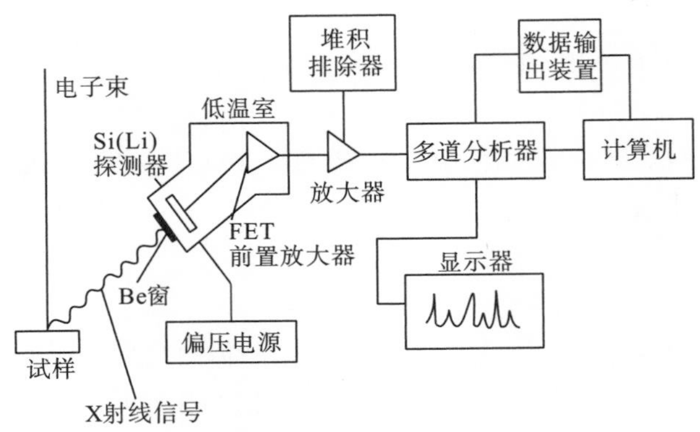

图 3.18 EDS 结构示意图

EDS 的工作原理是利用高能细聚焦电子束与样品表面相互作用，在一个有限深度及侧向扩展的微区体积内，激发产生特征 X 射线，通过 X 射线谱仪测量它的波长或能量，确定分析微区内所含元素的种类，由特征 X 射线的强度可计算出该元素的浓度。

EDS 电子探针有点分析、线扫描和元素面分布三种分析模式。点分析是将电子探针固定于样品待测的点或微区进行扫描。线扫描分析是将入射电子束在样品表面沿选定的直线轨迹进行扫描，使能谱仪固定接收某一元素的特征 X 射线信号。通常直接在 SEM 图像上叠加显示扫描轨迹和浓度分布曲线，可以更加直观地表明元素浓度不均匀性与样品组织形貌之间的关系。元素面分布分析是将电子束在样品上作光栅扫描，能谱仪固定接收其中某一元素的特征 X 射线信号，面扫描图像给出元素浓度面分布的不均匀性信息。

用于微结构分析的待测试样要求在真空中能保持稳定，含有水分的试样应先烘干除去水分；样品表面需要有一定导电性，避免分析过程中因为产生荷电而影响分析观察；表面受到污染的试样，要在不破坏试样表面结构的前提下进行适当清洗，然后烘干；有些试样的表面、断口需要进行适当的侵蚀，才能暴露某些结构细节，侵蚀后应将表面或断口清洗干净，然后烘干。块状试样用导电胶把试样黏结在样品座上，即可放在 SEM 中观察。对于导电性较差的材料，先要进行镀膜处理。粉末试样，可以在样品座上粘贴一张双面胶带纸，将试样粉末撒在上面，再用吸耳球把未粘住的粉末吹去。试样粉末粘牢在样品座上后，需再镀导电膜，然后才能放在 SEM 中观察。

第 4 章　电子陶瓷制备与测试分析实验

4.1　电子基板用 Al_2O_3 陶瓷材料的制备

4.1.1　实验目的

本实验为综合课程设计实验项目，主要任务为制备电子基板用 Al_2O_3 陶瓷并测试其性能，包括陶瓷配方设计、混磨、成型、烧结等工艺过程和介电参数、抗弯强度、热膨胀系数等参数测试环节。本实验的开展可以使学生在电子陶瓷材料的结构设计、制备工艺、结构与性能测试分析等方面接受系统的训练。

通过本实验达到如下目的和要求：

(1) 掌握固相反应法制备 Al_2O_3 陶瓷的工艺流程和实验室操作过程。

(2) 通过实验加深对 Al_2O_3 陶瓷的晶体结构、掺杂改性及固溶体等知识点的理解。

(3) 学会关键性能指标的测试方法和分析手段，初步研究配方和工艺对材料结构与性能的影响。

建议学时：20～30 学时

4.1.2　实验原理

1. 结构特点

Al_2O_3 陶瓷材料的主晶相为刚玉 α-Al_2O_3，属于典型的 A_2B_3 型晶体结构，其配位数为 M∶O＝6∶4，如图 4.1 所示。O^{2-} 按六方密堆(Hexagonal Close Packed，HCP)排列，Al^{3+} 填充在 6 个 O^{2-} 形成的八面体空隙中。Al^{3+} 在晶格空间规律分布，即在平面三个方向或垂直方向上，均按“空－实－实－空－实－实”方式排列。图 4.2 为六方密堆中相邻三层的八面体空隙，三层对准堆积成为立方结构。这种分布满足任何晶轴方向的 Al^{3+} 离子均是“两实一空”的排序，这种结构保证 α-Al_2O_3 具有高度稳定性，因此 Al_2O_3 陶瓷具有高熔点、高强度、高硬度、抗腐蚀等性能。

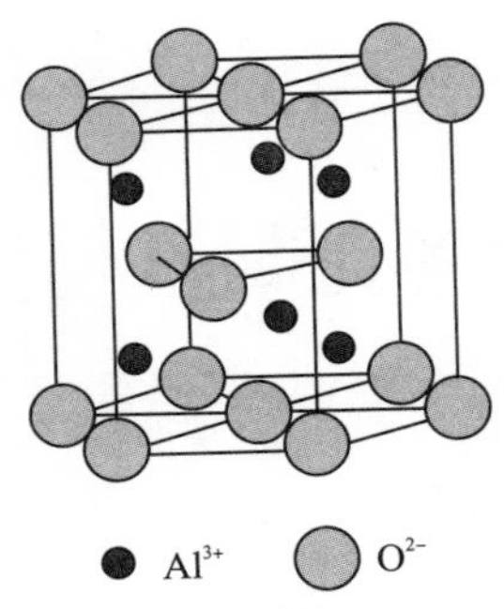

图 4.1　α-Al_2O_3 的晶体结构

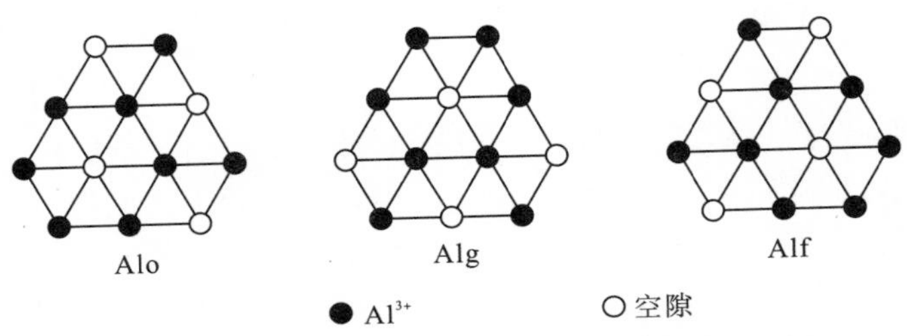

图 4.2　α-Al_2O_3 中相邻三层 Al^{3+} 离子的排列方式

以 Al_2O_3 为主要原料，α-Al_2O_3 为主晶相的陶瓷称为氧化铝瓷。通常将 Al_2O_3 含量大于 75%的氧化铝瓷称为高铝瓷。常见的氧化铝瓷有 95%Al_2O_3 瓷(简称 95 瓷)和 99%Al_2O_3 瓷(简称 99 瓷)等。高铝瓷的高频性能优良(介电常数小、介质损耗低)、绝缘性好、抗电强度高、机械强度大，是集成电路基板的理想材料。

2. 制备方法

一般来说，Al_2O_3 含量越高，氧化铝瓷的机电性能和热学性能越好，表现出密度高、强度高、损耗低、热导率高等特点。但是氧化铝瓷的烧结温度越高，工艺性能越差，表现在可塑性低、机加工难度大、对原材料要求高等方面。纯 Al_2O_3 陶瓷的烧结温度很高(1750～1900℃)，工艺难度大、生产成本高，大大限制了其广泛应用。为了降低烧结温度，改进工艺，可采用的措施如下：

(1) 采用化学法合成高纯的超细 Al_2O_3 粉体，利用超细粉体的高活性降低烧结温度，并提高陶瓷密度，制备高密度的细晶 Al_2O_3 陶瓷。

(2) 添加 CaO 和 SiO_2 作为助熔剂以产生玻璃相，形成液相烧结，降低了 Al_2O_3 瓷料的烧结温度，促进陶瓷烧结。碱土金属离子的适当引入，其压抑作用还能降低 Al_2O_3 陶瓷的介质损耗。在 Al_2O_3 中掺入 MgO，能有效降低烧结温度从而获得

高密度的 Al_2O_3 陶瓷。在 Al_2O_3 陶瓷中掺入稀土氧化物，最常用的是 La_2O_3，由于在 La_2O_3-Al_2O_3 体系中生成低共熔物，能够促进 Al_2O_3 陶瓷的烧结，因而 La_2O_3 对 Al_2O_3 有强烈的助熔作用，大大降低烧结温度，生成高致密的 Al_2O_3 陶瓷，其作用比 MgO 显著，但成本较高。

(3) 加入变价金属氧化物如 MnO_2、TiO_2，使 Al_2O_3 晶粒活化，降低烧结温度。

$$3TiO_2 \xrightarrow{Al_2O_3} 3Ti_{Al}^{\cdot} + V_{Al}''' + 6O_O^{\times}$$

$$2Ti_{Al}^{\cdot} + O_O^{\times} \xleftrightarrow{>1400\,℃} 2Ti_{Al}^{\cdot\cdot} + V_{Al}'' + \frac{1}{2}O_2(g)$$

Al_2O_3 陶瓷的制备采用固相反应法，其工艺流程如下：

配方 → 称料 → 球磨 → 出料 → 烘干 → 过筛 → 造粒 → 成型 → 烧结 → 测试

3. 测试表征

(1) 显微形貌观察。本实验采用日本电子株式会社的 JSM-6490LV 型 SEM 观测样品的表面或者断口截面形貌。

(2) 介电参数测试。本实验使用 LCR 电桥测试不同温度下被测圆片样品的并联等值电容 C，根据下列公式计算出相对介电常数 ε 和介质损耗角 δ 的正切 $\mathrm{tg}\delta$：

$$\varepsilon=0.144\frac{hC}{D^2} \tag{4-1}$$

$$\mathrm{tg}\delta=\frac{1}{\omega CR} \tag{4-2}$$

式中：h 为圆片样品的厚度(m)；C 为样品的并联等值电容(F)；D 为电极直径(m)；R 为样品的并联等值电阻(Ω)；ω 为测试频率(Hz)。

(3) 抗弯强度测试。本实验采用万能试验机测试样品的抗弯强度。万能试验机采用三点弯曲加载方法测量陶瓷抗弯强度，由电动加载系统、变形测量系统、压力测量系统和计算机测控系统组成。电动加载系统由变频调速器、精密减速器和升降装置组成；变形测量系统采用高精度位移传感器测量微应变；压力测量系统采用高精度压力传感器和数显压力表测量；三大测控系统由计算机控制，实现全自动测试。

计算机系统通过控制器，经调速系统控制伺服电机转动，经减速系统减速后通过精密丝杠带动横梁上升、下降，完成试样抗弯强度的力学性能试验。对矩形截面的试样施加弯曲载荷直到试样断裂，假定试样材料为各向同性和线弹性。通过断裂时的临界载荷、夹具和试样的尺寸可以计算试样的弯曲强度。由软件计算出抗弯强度数值，计算公式如下：

$$\sigma = \frac{3FL}{2bd^2} \tag{4-3}$$

式中：σ 表示抗弯强度(MPa)；F 表示最大载荷(N)；L 表示夹具的下跨距(mm)；b 表示试样的宽度(mm)；d 表示试样的厚度(mm)。

(3)热膨胀系数测试。本实验采用热膨胀仪测试样品的热膨胀系数。热膨胀法(Dilatometry，DIL)为使样品处在一定的温度程序(升/降/恒温及其组合)控制下，在负载力可忽略不计的情况下测量样品在测试方向上的长度随温度或时间的变化过程。

推杆式热膨胀仪的基本结构如下图所示：

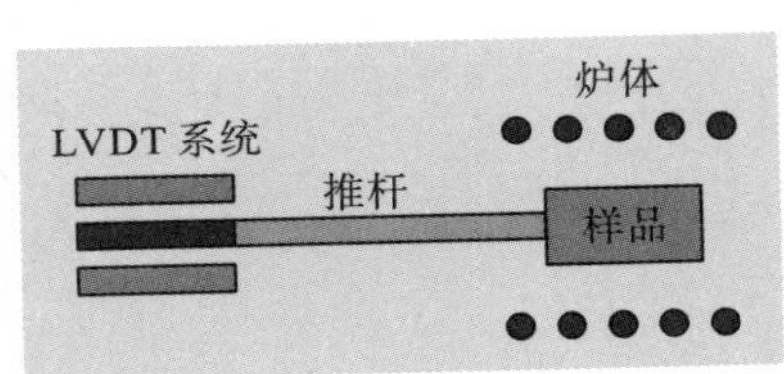

图 4.3　推杆式热膨胀仪结构图

LVDT 为位移传感器，其上连有推杆，通过与样品的接触获取样品长度的变化信号。其中推杆对样品的作用力很小，原则上对样品无影响，可忽略。样品则处于可控温的炉体中。在程序控制温度(线性升温、降温、恒温及其组合等)过程中，使用 LVDT 连续测量样品的长度变化(支架与推杆系统长度变化所引起的系统误差通过一定的方法(如标样测试)进行计算扣除)，即可获得 dL/L_0 曲线，反映了棒状样品材料在升温过程中的线性膨胀过程。

由软件计算出热膨胀系数，按下列公式计算：

$$\alpha = \frac{1}{L_0}\frac{L_2 - L_1}{T_2 - T_1} = \frac{1}{L_0}\frac{\Delta L}{\Delta T} \tag{4-4}$$

式中：α 表示平均热膨胀系数(℃$^{-1}$)；L_0 表示室温 25℃时样品的长度(mm)；L_1、L_2 表示温度分别为 T_1、T_2 时样品的长度(mm)。

4.1.3　实验设备与器材

电子天平、球磨机、烧结炉、压机、LCR 数字电桥、万能试验机、热膨胀仪、SEM、原材料(Al_2O_3、SiO_2、$Mg(OH)_2$ 等)、锆球、去离子水、黏合剂、成型模具、测试夹具等。

4.1.4　实验步骤

(1)配方：根据实验要求设计 Al_2O_3 陶瓷配方，由氧化物的重量百分含量计算各组分原材料的实际用量，每个配方配料总计约 100g。

(2)称料：利用电子天平准确称量各组分的原材料，混合均匀后倒入球磨罐中。

(3)球磨：按 m(料)∶m(球)∶m(水)＝1∶3∶1 加入锆球和去离子水，安装固定球磨罐，采用行星式球磨机，球磨 4h，转速 150r/min。

(4)出料：待球磨结束后，取下球磨罐倒出浆料。

(5)烘干：将容器置于烘箱中，在 100℃左右烘干约 6h。

(6)过筛：烘干料用研磨粉碎，过 40 目筛。

(7)造粒：过筛粉体中加入 10%质量分数的聚乙烯醇(PVA)溶液搅拌均匀，采用研磨进行手工造粒。

(8)成型：称取一定量的造粒料装入模具中，用 20MPa 压力成型，脱模。

(9)烧结：设定烧结程序，在适当的温度区间进行烧结，按 2～3℃/min 的速度升温至指定温度并保温若干小时，自然冷却至室温，得到待测样品。

(10)测试：介电参数、机械性能测试及显微形貌观察。

1. 显微形貌观察

(1)将试样表面抛光清洁后进行喷金处理。

(2)将样品粘在样品台上，放入 SEM 测试设备中。

(3)设备预热、抽真空。

(4)在电脑上选择样品表面的观测位置，调节观测位置处于显示器中心，再根据观测需求选择放大倍数。

(5)保留测试结果。

2. 介电参数测试

(1)将被测样品连接在 LCR 电桥的测试夹具上。

(2)连接 LCR 电桥电源，打开开关。

(3)对 LCR 电桥进行初始化，做开路全频清和短路全频清操作。

(4)设置频率为 1MHz、电压为 100mV，准备测试。

(5)测试样品的电容值和电阻值，计算出各样品的介电常数 ε 和介质损耗 $\tan\delta$。

(6)做好实验数据记录，测试完毕后关机。

3. 机械性能测试

(1) 打开控制器电源、主机电源、显示器电源。

(2) 鼠标点击桌面测试软件图标，进入联机参数界面，设定传感器，点击联机按钮，进入测试软件界面。

(3) 点击右侧上下按键或拖动速度标尺使横梁上下移动至合适位置。

(4) 根据试样形式装上相应夹具。

(5) 设定测试方案和测试参数。

(6) 传感器初值置零。

(7) 安装试样及传感器。

(8) 点击开始测试按钮，开始测试，测试结束自动停止。

(9) 安装下一根试样，重复步骤 8，直到所有试样全部测试结束。

(10) 打印测试报告。

(11) 关闭控制器电源、主机电源、显示器电源。

(12) 清理测试现场。

4.1.5 样品测试及实验数据处理

1. 配方计算

本实验要求设计 95%Al_2O_3 陶瓷材料（95 瓷）配方各组分的质量分数：$w(Al_2O_3)$、$w(SiO_2)$、$w(MgO)$、$w(La_2O_3)$。原材料及纯度：α-Al_2O_3（99.5%）、SiO_2（99.3%）、$Mg(OH)_2$（99.7%）、La_2O_3（99.9%）。根据配方计算各组分的质量如下：

$$m(SiO_2)=100\times w(SiO_2)\div 99.3\%$$

$$m(Mg(OH)_2)=100\times w(MgO)\div M_{MgO}\times M_{Mg(OH)_2}\div 99.7\%$$

$$m(La_2O_3)=100\times w(MgO\ )\div 99.9\%$$

其中：分子量 $M_{MgO}=40.31$，$M_{Mg(OH)_2}=58.32$。

2. 记录测试结果

表 4-1 各配方的性能测试结果

样品	样品 1#	样品 2#	样品 3#	样品 4#
介电常数 ε				
介质损耗 $\tan\delta$				
抗弯强度 σ（MPa）				
热膨胀系数 α（10^{-6}/℃）				

3. 数据处理

完成工艺实验及机电性能测试后，进行数据处理，并结合实验结果和显微结构观察综合分析工艺条件变化对具体材料性能影响的规律。

4.1.6　实验思考题

(1) Al_2O_3 陶瓷晶体结构是什么？为什么要掺杂改性？
(2) 固相反应法制备 Al_2O_3 陶瓷的工艺流程是什么？
(3) Al_2O_3 陶瓷的结构是如何影响其介电和机械性能的？

4.2　介质移相器用 BZT 陶瓷材料的制备

4.2.1　实验目的

本实验为综合课程设计实验项目，主要任务为介质移相器用锆钛酸钡(Barium Zirconium Titanate，BZT)陶瓷材料的制备，包括配方设计、混磨、成型、烧结等工艺过程和介电性能、微结构等测试环节。本实验的开展立足于引导学生熟悉电子陶瓷材料制备的基本设备、方法和关键工序过程，理解材料制备工艺参数对材料性能和微结构的影响，增强学生对材料制造的感性认识和动手能力，将材料设计、制备和微结构分析有机结合，同时加深学生对电子材料课程中学习过的掺杂、固溶体、铁电相变、居里温度等知识的理解，并进行实际运用。

通过本实验达到如下目的和要求：

(1) 熟悉固相反应法制备电子材料的工艺流程和实验室操作过程。
(2) 加深对所制备材料结构、性能的了解。
(3) 研究固溶体材料中不同组分比例、烧结制度对材料结构与性能的影响。

建议学时：20～30 学时

4.2.2　实验原理

移相器是相控阵天线的关键组成部件，介质移相器是将变化电场施加在铁电体材料上，利用铁电材料的介电非线性，使其介电常数发生改变，进而使电磁波的速度发生改变从而实现相移。钛酸锶钡(Barium Strontium Titanate，BST)

固溶体具有良好的介电非线性，且其介电常数的大小可以通过调节 Ba/Sr 比来进行调节，而且其介电损耗小，作为介质移相器的铁电体材料已被广泛研究。但是，当外加直流电场超过 10^5V/cm 以后，其漏电流密度上升几个数量级，为了解决这一问题，人们考虑采用 BZT($BaZr_xTi_{1-x}O_3$)会取代 BST。BZT 是在 $BaTiO_3$(BT)基础上采用 Zr^{4+}取代 B 位的 Ti^{4+}，与钛酸钡一样，为钙钛矿结构，如图 4.4 所示。由于 Zr^{4+}比 Ti^{4+}的半径大(分别为 0.087nm 和 0.068nm)，可增大材料的晶格常数，而且 Zr^{4+}比 Ti^{4+}的化学稳定性好。因此，BZT 中 Ti^{4+}与 Ti^{3+}之间因电子跳跃而引起的电导减小了，可减小材料的漏电流。

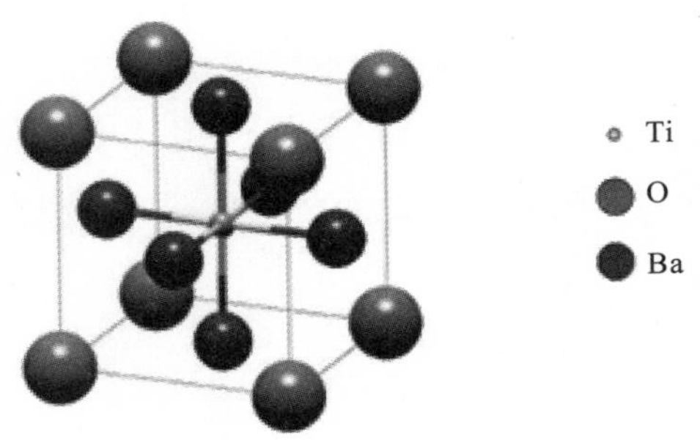

图 4.4　钙钛矿结构示意图

与钛酸钡一样，锆钛酸钡也存在三方、斜方、四方、立方四种晶型和相应的立方-四方(T_C)、四方-斜方(T_2)、斜方-三方(T_3)三个相变温度。$BaZr_xTi_{1-x}O_3$ 的一个显著特征是：BZT 的铁电相变所对应的居里温度是 Zr 成分的函数。随着 Zr^{4+}含量的增加，居里温度逐渐降低，而其他两个相变温度(T_2 和 T_3)逐渐增大，最后在 x = 0.2 附近这三个相变温度合而为一，相变温度接近于室温。常见的几种 $BaZr_xTi_{1-x}O_3$ 材料的相变温度见表 4-2。

表 4-2　$BaZr_xTi_{1-x}O_3$ 单晶和陶瓷的相变温度(1kHz)

BZT	x=0.05			x=0.08			x=0.15	x=0.2
	T_C/℃	T_2/℃	T_3/℃	T_c/℃	T_2/℃	T_3/℃	T_m/℃	T_m/℃
单晶	110	51	0	102	71	30	65	32
陶瓷	110	51	0	99	71	33	67	32

无论是单晶还是陶瓷、薄膜，随着锆含量的增加，电滞回线的矩形度都会变差，即剩余极化强度(P_r)逐渐减小，矫顽场强(E_c)逐渐增大，如图 4.5 所示。

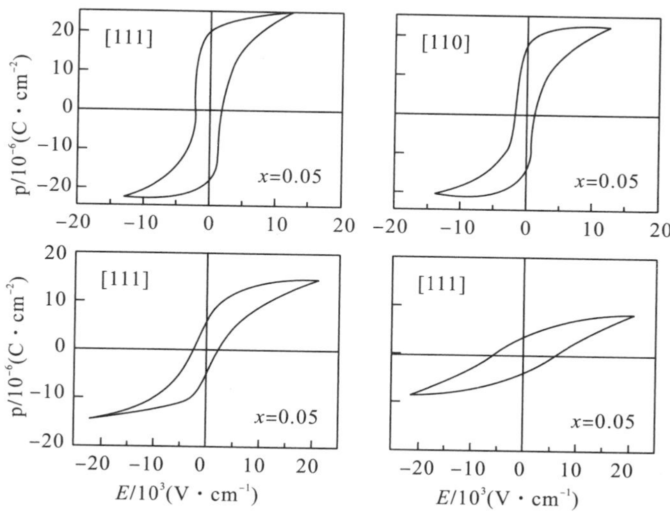

图 4.5 BZT 单晶的电滞回线

固相反应法制备 BZT 陶瓷的工艺流程简图如图 4.6 所示。

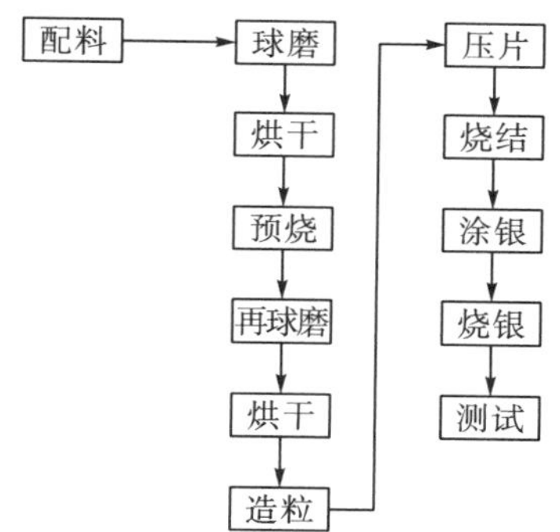

图 4.6 BZT 陶瓷的工艺流程

本实验采用日本电子株式会社的 JSM-6490LV 型 SEM 观测样品的表面或者断口截面形貌；使用 LCR 电桥测试不同温度下被测圆片样品的并联等值电容 C，根据公式(4-1)计算出各测试温度下的相对介电常数 ε。

4.2.3 实验设备与器材

分析天平、球磨机、压机、高温电炉、电热恒温干燥箱、TH2828 LCR 阻抗分析仪、SEM、原材料($BaCO_3$、TiO_2、ZrO_2等)、去离子水、黏合剂、成型模具、测试用漆包线、夹具等。

4.2.4 实验步骤

(1)配方：根据实验要求设计 BZT 陶瓷配方，由氧化物的重量百分含量计算各组分原材料的实际用量，每个配方配料总计约 50g。

(2)称料：利用分析天平准确称量各组分的原材料，混合均匀后倒入球磨罐中。

(3)一次球磨：采用行星式球磨机，一次球磨 6h，m(料)∶m(球)∶m(水)＝1∶5∶1。球磨结束后，取下球磨罐倒出浆料。

(4)烘干：将料浆置于烘箱中，在 100℃左右烘干约 6h。

(5)预烧：球磨料烘干后，过 40 目筛，按 2～3℃/min 的速度升温至 1200℃，并保温 2h。

(6)二次球磨：采用行星式球磨机，二次球磨 1h，m(料)∶m(水)∶m(球)＝1∶1∶5。

(7)造粒：二次球磨烘干料先过 40 目筛，掺 10%质量分数 PVA，采用手工造粒。

(8)成型：称取一定量的造粒料装入模具中，用 20MPa 压力成型，脱模。

(9)烧结：设定烧结程序，按 2～3℃/min 的速度升温至 1250～1350℃并保温 1～4h，自然冷却至室温，得到待测定样品。

(10)测试：介电参数测试及显微形貌观测。

1. 显微形貌观察

(1)将试样表面抛光清洁后进行喷金处理。

(2)将样品粘在样品台上，放入 SEM 测试设备中。

(3)设备预热、抽真空。

(4)在电脑上选择样品表面的观测位置，调节观测位置处于显示器中心，再根据观测需求选择放大倍数。

(5)保存测试结果。

2. 介电常数温度特性测试

(1)将被测样品连接在 LCR 电桥的测试夹具上，然后放入电热恒温干燥箱中。

(2)连接 LCR 电桥电源，打开开关。

(3)对 LCR 电桥进行初始化，做开路全频清和短路全频清操作。

(4)设置频率为 1kHz、电压为 100mV，准备测试。

(5)将电热恒温干燥箱从室温加热到 150℃，从 25℃开始，每升高 10°C 测一次电容值，计算出各个温度下的 ε。

(6) 做好实验数据记录，测试完毕后关机。

4.2.5　样品测试及实验数据处理

(1) 配方计算按照 $BaZr_xTi_{1-x}O_3$ 化学式进行计算，其中 x 分别为 0.05、0.1、0.15 和 0.2。已知各原料分子量和纯度如表 4-3 所示：

表 4-3　各原料分子量和纯度

	$BaCO_3$	TiO_2	ZrO_2
分子量 M	197.338	79.865	123.222
纯度 P	99.47%	99.5%	99.36%

例如，x=0.05 时，总的分子量 $M_{总}$=197.338+0.95×79.865+0.05×123.222=279.371

假设一次配 50g，

所需 $BaCO_3$：$50\times M_{BaCO_3}/M_{总}/P_{BaCO_3}=50\times 197.338/279.371/99.47\%=35.506\text{g}$

所需 TiO_2：$50\times(1-x)\times M_{TiO_2}/M_{总}/P_{TiO_2}=50\times 0.95\times 79.865/279.371/99.5\%$
$=13.647\text{g}$

所需 ZrO_2：$50\times x\times M_{ZrO_2}/M_{总}/P_{ZrO_2}=50\times 0.05\times 123.222/279.371/99.36\%$
$=1.110\text{g}$

计算结果填入表 4-4：

表 4-4　实验数据记录表

原料 / 样品	$BaCO_3$	TiO_2	ZrO_2
x=0.05			
x=0.10			
x=0.15			
x=0.20			

(2) 记录不同烧结制度(烧结温度：1250℃、1300℃、1350℃；保温时间：1h、2h、3h、4h) 下获得样品的介电常数温度曲线，测试温度区间为 30～150℃。

例如，1250℃烧结，保温 2h 样品的介电常数测试记录在表 4-5：

表 4-5　实验数据记录表

样品 \ 温度/℃	30	40	50	60	70	80	90	100	110	120	130	140	150
x =0.05													
x =0.10													
x =0.15													
x =0.20													

(3) 完成工艺实验及介电性能测试后，学习用 Origin 软件作图进行数据处理，并结合实验结果和显微结构观察综合分析组成变化、烧结温度、保温时间对材料性能影响的规律。

4.2.6　实验思考题

(1) $BaTiO_3$ 中掺杂 Zr^{4+}能否形成固溶体？为什么？
(2) 固相反应法制备 $BaZrxTirxO_3$ 陶瓷的工艺流程是什么？
(3) BZT 陶瓷中，改变 Zr/Ti 比对陶瓷结构和性能有什么影响？

4.3　PTC 热敏电阻的制备

4.3.1　实验目的

本实验为综合课程设计实验项目，主要任务为正温度系数 (Positive Temperature Coefficient，PTC) 热敏电阻制备并测试其性能，包括配方设计、混磨、成型、烧结、被电极等工艺过程和电阻、拉力测试等测试环节。本实验的开展可以使学生在电子陶瓷材料与元器件的结构设计、制备工艺、结构与性能测试分析等方面接受系统的训练。

通过本实验达到如下目的和要求：

(1) 掌握 PTC 半导体型陶瓷电容器的原理。
(2) 了解 PTC 温度-电阻特性与配方之间的关系。
(3) 通过实验熟悉固相法制备电子材料的工艺流程和实验室操作过程。
(4) 分析影响 PTC 性能的影响因素并制备电阻元件。

建议学时：20～30 学时

4.3.2 实验原理

1. PTC 效应

1950 年，荷兰 Phillip 公司的海曼（Haayman）等在 $BaTiO_3$ 中掺入稀土元素（Sb、La、Sm、Gd、Ho、Y、Nb）时发现 $BaTiO_3$ 的室温电阻率降低到 $10\sim10^4\Omega\cdot cm$，与此同时，当材料温度超过居里温度时，在几十度的范围内，电阻率会增大 4～10 个数量级，即 PTC 效应。在 PTC 性能的考察中，有一个主要技术指标，即最大电阻率温度系数，定义如下：在图 4.7 所示的电阻-温度曲线中，取电阻变化最快的区域，作曲线的切线，在切线上取两点 $T1$、$T2$，进行如下（式 4-5）运算，得到电阻温度系数 α_{max}。

$$\alpha_{\max} = 2.303\frac{\lg\rho_2 - \lg\rho_1}{T_2 - T_1} \tag{4-5}$$

自 PTC 效应发现以后，对 $BaTiO_3$ 基 PTC 材料的研究得到了人们广泛的关注。PTC 效应的理论研究至今方兴未艾。$BaTiO_3$ 陶瓷的表面态、晶界制备材料的基本结构、主要性能效应、晶界势垒、铁电畴结构等问题是 PTC 效应的关键，也是理论研究工作的重点。一般认为 PTC 效应由三种现象汇合形成：①可形成半导性；②有铁电相变；③能形成界面受主态。这三种观察缺一则无法形成 PTC 效应。

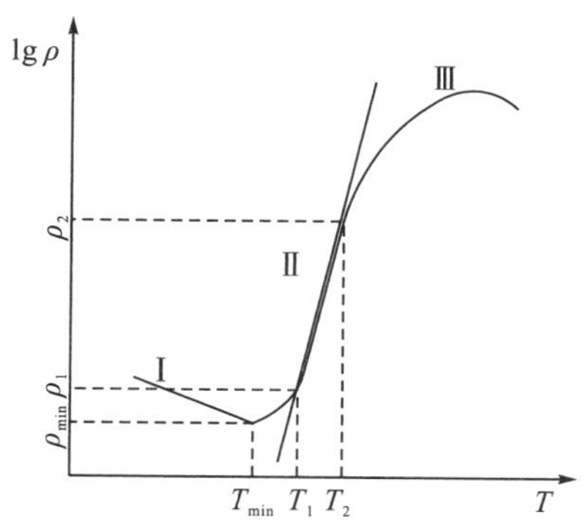

图 4.7 PTC 电阻随温度变化的示意图

各种解释 PTC 效应的理论模型也相继提出，最具代表性的理论就是下面两个比较经典的理论模型。

（1）Heywang-Jonker 模型。长期以来，Heywang 模型一直被大部分学者接受。该模型认为 PTC 效应主要源于陶瓷晶界、缺陷及受主杂质使 $BaTiO_3$ 半导瓷的晶界吸附氧及空间电荷，形成有过量电子存在的具有受主特性的界面状态。这些受主界面态与晶粒内的载流子相互作用，在晶界上形成 Schottky 势垒，势垒高度与介电系数成反比。居里点以下，$BaTiO_3$ 的自发极化部分抵消晶界区的电荷势垒，形成低阻通道，使这个温区的电阻下降。居里点以上介电系数按居里-外斯定律下降，势垒高度随介电系数的迅速减小而迅速升高，这样就出现了 PTC 效应。图 4.8 为晶界势垒能带图。

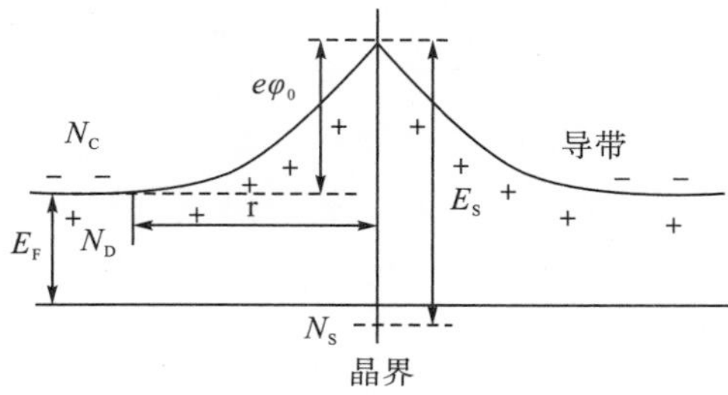

图 4.8　PTC 的晶界势垒模型

(2) 电子陷阱模型。1985 年，Kutty Trn 等提出的“电子陷阱说”，认为由空位或受主在晶界处形成的电子陷阱中心在 $BaTiO_3$ 相变时吸附电子，是产生 PTC 效应的原因。该模型认为晶界受主态不仅受受主浓度控制，施主也会与空位缔合形成电子陷阱。将载流子浓度的减少归因于电子陷阱的激活束缚了自由电子，认为铁电相陷阱活化能较高，使晶界处陷阱内的载流子浓度与势垒高度相对很小，绝缘区域窄，有效电阻率低。铁电相转变为顺电相时陷阱活化能急剧降低，导致势垒急剧增大而产生 PTC 效应。

PTC 效应是一种晶界现象，它与 $BaTiO_3$ 陶瓷的多晶晶界结构相关，纯净的 $BaTiO_3$ 晶体不存在 PTC 效应。一直以来学界都认为 PTC 效应是由纯电势垒造成的，而最近研究表明，晶界对载流子有两种势垒作用：一种是纯应力压缩，如晶格、畴的中断，不匹配，气孔，晶界应力；另一种是纯电势垒，由施主或受主态偏析造成(即双受主表面态)。PTC 效应比早期所认识的要复杂得多，应力效应、晶界偏析、畴的排列、取向和间断都对它有明显的影响。

2. PTC 陶瓷原料各组成的作用

$BaTiO_3$ 系热敏电阻器粉料所使用的主要原材料有：$BaCO_3$、TiO_2、$SrCO_3$、PbO、$CaCO_3$，SiO_2、$Mn(NO_3)_2$、Y_2O_3(或其他稀土金属氧化物)等，为保证产品的性能，Y_2O_3(或其他稀土金属氧化物)一般采用光谱纯材料，其他材料的纯度一般要求不低于 99%，且有害杂质含量不高于 0.005%。这些材料的主要作用如下文所述。

$BaCO_3$：合成 $BaTiO_3$ 主晶相用材料，形貌特征为球形或近似球形。

TiO_2：合成 $BaTiO_3$ 主晶相，过量的 TiO_2 为玻璃相（AST 相，AST 是 AlSiTiO 玻璃的缩写）的组成之一，过量的 TiO_2 有利于 $BaTiO_3$ 材料的半导化，晶型为金红石型，形貌特征为球形或近似球形。

$SrCO_3$/PbO：居里点移动剂，根据需要将 $BaTiO_3$ 的居里温度由 130℃移动到需要的居里温度。在材料中加入 $SrCO_3$ 后，可以使得居里点向负温方向移动；而在材料中加入 PbO 后，可以使得居里点向正温方向移动。

$CaCO_3$：在 PTC 陶瓷中以 $CaTiO_3$ 的形式存在，并与 $BaTiO_3$ 形成固溶体，取代 $BaTiO_3$ 中的 Ba 位，但 Ca 置换 $BaTiO_3$ 中 Ba 后并不会导致居里点出现明显的偏移。其作用是晶粒细化剂，能抑制晶粒生长，并使晶粒尺寸能均匀分布改善材料的微观性能、降低材料的电压效应。

$Mn(NO_3)_2$：受主杂质，由于 Mn^{2+}在晶粒边界能生成受主型表面态而提高材料的 PTC 效应，同时由于 Mn^{2+} 在晶粒边界能促进受主表面态的形成，在材料中添加 Mn 后材料的 PTC 特性得以提高，主要表现为温度系数和升阻比的提高。

Y_2O_3（或其他稀土金属氧化物）：施主杂质，高温烧结时进入并取代 $BaTiO_3$ 中 Ba 晶格位置，形成施主中心，完成 $BaTiO_3$ 材料的半导化，降低材料的常温电阻率。

SiO_2：与过量 TiO_2 组成材料的晶粒间玻璃相（AST 相），在高温下成为液相，起到助烧的作用，并且在烧结过程中能吸附原材料中的有害杂质、促进材料半导化、抑制晶粒生长，降低 PTC 材料电阻值与电压相关性，改善材料的耐电压水平。

由于使用的原材料中带有一定的对材料半导化有害的杂质（如 Fe、Mg、K、Na 等），玻璃相的作用是在陶瓷烧结过程中富集原材料中的有害杂质，减少进入晶粒和晶界的有害杂质浓度从而改善 PTC 瓷片的 PTC 特性和抗电压、电流冲击能力。适量玻璃相的添加可以降低材料的室温电阻率。

3. PTC 材料配方设计

(1) 基础知识：

PTC 效应是材料表现出当环境温度高于材料居里温度后材料的零功率电阻率发生 4～10 个数量级跃迁的现象，单纯的 $BaTiO_3$ 陶瓷的居里温度在 120℃左右。因此通过掺杂提高或降低陶瓷的居里温度，可以实现不同温度条件下对电流进行控制，提高或降低陶瓷的居里温度的氧化物称为居里点移动剂。

①居里点移动剂（按摩尔分数计）：Pb +3.7℃/%；
Sr −3.7℃/%；
Sn −8.0℃/%；
Zr −5.3℃/%；

②提高 PTC 特性剂(受主杂质，按质量分数计)：Mn、Co＜1.5‰。

材料的电阻率随 PTC 特性剂的增加呈单调上升，但当其超过一定量时材料呈绝缘性。不能实现半导化，造成该现象的主要原因是随着 Mn 的添加后 Mn^{2+}在晶粒边界形成了受主型表面态，材料的常温电阻率随着受主型表面态浓度的增加而增加。

③半导化剂(施主杂质，按质量分数计)：Nb^{5+}、Ta^{5+}、W^{6+}、Sb^{3+}、Y^{3+}、La^{3+}，0.5～5‰。

④玻璃相添加剂：玻璃相是在高温状态下，SiO_2 和 TiO_2 形成的熔融物，有利于 PTC 陶瓷烧结，物质的量之比为：$n_{TiO_2}:n_{SiO_2}=2:1$。

(2)配方计算原则：

由于 PTC 材料的性能对杂质非常敏感，因而 PTC 材料的配方必须通过实验来确定，但掌握一些基本方法、原则，对选取、调整、改进配方有一定帮助。

PTC 料掺钇(Y)、锰(Mn)量与室温电阻率关系可参照经验公式：〔Y〕= $A+B^{*}_{-}$〔Mn〕；

A：常数(相当于不掺 Mn 时最佳半导化掺 Y 量)；

B：常数(最佳半导化 Y-Mn 关系曲线斜率(1.8～2.2))。

(3)选择配方步骤：

①根据工作温度确定 T_c 移动剂用量。

②确定 $BaTiO_3$ 用量。

③确定 $CaTiO_3$ 用量。适量 Ca 的引入可以导致材料的室温电阻率不会出现明显增大，但材料的致密性得以大幅度提高、材料的晶粒得到明显细化并均匀、材料的耐电压水平和温度系数得到明显改善，从而提高瓷片抗电压和电流冲击的能力。

④根据工作电压及原料纯度确定 AST 用量(1～3%，按摩尔分数计)，AST 多，则晶粒细、耐压上升，但 PTC 特性不一定很好，原料愈纯，AST 用量愈少。

⑤不掺受主杂质，掺入不同量的施主杂质，绘出 Mn＝0 时(即不添加 Mn 的状态下)的施主掺杂量与室温电阻率的关系，由此可确定最佳半导化点 A。

⑥根据对材料 PTC 性能和室温电阻率的要求，初步选择掺 Mn 量，并按经验公式估算施主杂质用量，作配方试验。或根据 $\rho_{25℃}$初步选择施主掺杂量，按经验公式估算掺 Mn 量。

⑦根据试验结果调整配方，一般配方应选择在 U 型曲线左半部。

$\rho_{25℃}$过高，Mn 量↓，PTC 特性↓；

$\rho_{25℃}$过低，Mn 量↑，PTC 特性↑。

在经验公式中，若〔Mn〕较大，B〔Mn〕>>A，〔Y〕≈B〔Mn〕，则可直接从掺 Mn 量按一定钇锰比估算掺 Y 量。

(3)配方举例：

配制阻值转变温度 T_c＝60℃，耐压 150V 左右的 PTC 陶瓷器件。

解：

①用 Sr 作为居里点移动剂，设 $BaTiO_3$ 居里温度为 130℃，则 $SrTiO_3$ 的摩尔分数为(130−60)÷3.7℃/%=18.9%；

②$BaTiO_3$ 和 $CaTiO_3$ 的摩尔分数为：100%－18.9%=81.1%；

根据经验和实验结果，选择 $BaTiO_3$ 和 $CaTiO_3$ 的摩尔分数分别是 70%和 11.1%。

③耐压较高，根据经验，掺玻璃相的摩尔分数为 1.7%；因此 SiO_2 和 TiO_2 的摩尔分数分别为 1.7%和 1%。

④采用 Y 作半导化剂，根据经验和试验，得 A 的摩尔分数为 0.2%，取 B=1.5；

因此掺 Y 的摩尔分数为：0.2%＋1.5×0.1%=0.35%；

则 Y_2O_3 的摩尔分数为：0.35/2=0.175%；

⑤为使 PTC 特性较高，根据经验，受主 Mn 的摩尔分数为 0.09%；

故配方如表 4-6 所示。

表 4-6　PTC 陶瓷器件配方

材料	$BaCO_3$	$CaCO_3$	$SrCO_3$	TiO_2	Y_2O_3	SiO_2	$Mn(NO_3)_2$
含量(摩尔分数)/%	70	11	18.9	101	0.175	1.7	0.004

以上配方通过试验，若 PTC 特性较好，但 $\rho_{25℃}$较高，可固定掺 Mn 量，调整 Y 量(或微调 1200℃处保温时间)或固定 Y，调 Mn。若 $\rho_{25℃}$较低而 PTC 性能欠佳，可固定掺 Y 量，增加 Mn 量。

固相法制备 PTC 电阻的工艺流程简图如图 4.9 所示。

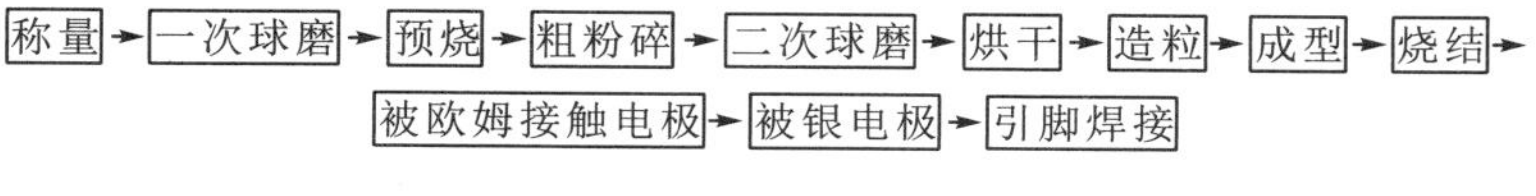

称量→一次球磨→预烧→粗粉碎→二次球磨→烘干→造粒→成型→烧结→

被欧姆接触电极→被银电极→引脚焊接

图 4.9　PTC 电阻的工艺流程

4.3.3　实验设备与器材

电子天平、球磨机、手动压机、高温电炉、烘箱、SEM、万用表、$BaCO_3$、TiO_2、$SrCO_3$、PbO、$CaCO_3$、SiO_2、$Mn(NO_3)_2$、Y_2O_3、PTC 专用欧姆接触银浆、PTC 专用表面银浆、漆包线等。

4.3.4 实验步骤

(1) 配方：根据实验要求设计热敏电阻陶瓷配方，由各原料的摩尔分数计算各组分原材料的实际用量，每个配方配料总计约 150g。

(2) 称料：利用电子天平准确称量各组分的原材料，混合均匀后倒入球磨罐中。

(3) 一次球磨：按 m(料)∶m(球)∶m(水)＝1∶1.5∶1 加入锆球和去离子水，安装固定球磨罐，采用行星式球磨机，球磨 4h；待球磨结束后，取下球磨罐倒出浆料。

(4) 预烧：球磨料烘干后，过 40 目筛，按 3～4℃/min 的速度升温至 1170℃并保温 2h。

(5) 二次球磨：预烧料粉碎过 40 目筛，采用行星式球磨机，二次球磨 6h，m(料)∶m(球)∶m(水)＝1∶1.5∶1。

(6) 造粒：二次球磨烘干料先过 40 目筛，掺入 10%质量分数的 PVA，进行研磨手工造粒。

(7) 成型：称取一定量的造粒料装入模具中，使用手动压机在 50MPa 压力下成型，脱模。然后，将素坯在 40℃烘干 40min。

(8) 烧结：设定烧结程序，以 3℃/min 升温至 400℃排胶，再升温到 1340℃烧结温度，保温 1h，再以 150℃/h 降温到 600℃，再自然冷却至室温，得到待测样品。

(9) 样品的显微形貌观察。

①将试样表面抛光清洁后进行喷金处理；

②将样品粘在样品台上，放入 SEM 测试设备中；

③设备预热、抽真空；

④在电脑上选择样品表面的观测位置，调节观测位置处于显示器中心，再根据观测需求选择放大倍数。

⑤保存测试结果。

(10) 被欧姆接触电极，580℃烧结 15min。

(11) 被表面银电极，560℃烧结 15min。

(12) 焊接引线。

(13) 使用万用表进行电性能测试。

4.3.5 样品测试及实验数据处理

(1) 配方计算，各原料配比如表 4-7 所示：

表 4-7　各原料配比表

原料	$BaCO_3$	$CaCO_3$	$SrCO_3$	TiO_2	Y_2O_3	SiO_2	$Mn(NO_3)_2$
含量（按摩尔分数计）/mol%	70	11	19	101	0.18	1.7	0.004
纯度/%	99.5	99.3	99.7	99.4	99.99	99.5	50
分子量	197.34	100.9	147.63	79.87	225.82	60.08	134.96
用量/g							

总的分子量 $M_{总}$=70%×197.34+11%×100.9+19%×147.63+101%×79.87+0.18%×225.82+1.7%×60.08+0.004%×134.96=258.367

按配制 150g 料计算，所需各原料质量如下：

$m(BaCO_3)=150\times w(Ba)\times M_{Ba}\div M_{总}\div P_{Ba}$

$=150\times 70\%\times 197.34\div 258.367\div 99.5\%$

$=80.602g$

$m(CaCO_3)=150\times w(Ca)\times M_{Ca}\div M_{总}\div P_{Ca}$

$=150\times 11\%\times 100.09\div 258.367\div 99.3\%$

$=6.424g$

$m(SrCO_3)=150\times w(Sr)\times M_{Sr}\div M_{总}\div P_{Sr}$

$=150\times 19\%\times 147.63\div 258.637\div 99.7\%$

$=16.317g$

其余类推。

(2) 测量并记录样品电阻随温度的变化，如表 4-8 所示。

表 4-8　各样品的温度-阻值变化

温度/℃ \ 样品	样品 1#	样品 2#	样品 3#	样品 4#
50				
55				
60				
65				
……				
130				

(3) 用 Origin 软件作图 $\lg\rho$-T 并拟合给出最大电阻率温度系数 α。

(4) 结合实验结果和显微结构观察综合分析工艺条件变化对材料性能影响的

规律。

4.3.6 实验思考题

1. PTC 效应有哪些应用？
2. 简述晶界在 PTC 效应中的作用。
3. 固相反应法制备 PTC 热敏电阻的工艺流程及重点工艺环节分析？

4.4 LTCC 微波陶瓷材料制备

4.4.1 实验目的

本实验为综合课程设计实验项目，主要任务为 LTCC 微波陶瓷材料制备、性能测试及分析，包括材料配方设计、混磨、成型、烧结等工艺过程和微波介电特性测试环节。本实验在学生学完固体电子专业课程的基础上，依据电子陶瓷材料的基本理论知识和相关特性，培养学生在 LTCC 微波陶瓷材料领域的理论设计、实际研制以及测试分析能力，帮助学生更加深入地理解相关理论知识、提升实践的能力。

通过本实验达到如下目的和要求：

(1) 掌握 LTCC 微波陶瓷材料配方设计及性能调节机理。

(2) 熟悉并掌握固相反应法制备 LTCC 微波陶瓷材料的工艺流程和关键设备操作方法。

(3) 理解配方、工艺、掺杂对微波陶瓷材料结构与性能的影响机制。

建议学时：20～30 学时

4.4.2 实验原理

常规的微波介电陶瓷的烧结温度一般都在 1300℃以上，烧结温度这样高的电子陶瓷是没办法应用到 LTCC 技术中的。这是因为 LTCC 技术是采用银来作为片式电子元器件的内埋电极和端电极材料的。而基于 LTCC 技术制造出来的生坯器件需要将陶瓷和电极一起进行烧结，而这也是“共烧”的由来。由于银的熔点只有 961℃，因此就必须要把 LTCC 材料的烧结温度降低至 961℃以下，防止银电极在烧结过程中融化。并且为了进一步降低烧结过程中银电极向 LTCC 材料中的扩散，国际标准一般要求 LTCC 材料的烧结温度在 900℃附近。

为了实现 900℃低温烧结的微波介电材料，目前国内外研究机构和企业主要采用两种方式来实现：其一是采取微晶玻璃法；其二是固相反应法。微晶玻璃实现的 LTCC 介电材料也称为玻璃陶瓷，它先是完全按照制备玻璃的流程制备出特定的包含 Ca、Si、B 等元素的玻璃，然后将玻璃进行适当的热处理，让玻璃部分结晶，最终形成同时包含陶瓷和玻璃特性的材料复合体。微晶玻璃法更容易实现 LTCC 材料的低温烧结，可将烧结温度降低至 850℃左右，因此目前已商业化的 LTCC 微波介电材料不少都是采用微晶玻璃法来实现的(另外也有采用微晶玻璃与氧化铝、氧化硅等混合制备 LTCC 材料的，也可归入微晶玻璃类)。但是微晶玻璃法也存在工艺控制复杂、成本高，并且材料的介电损耗也较高等问题。另一方面，采用固相反应法来制备 LTCC 微波介电陶瓷材料，由于材料中的主晶相基本都是陶瓷，介电损耗可以低很多，但要将陶瓷材料的烧结温度从超过 1300℃降低至 900℃，同时又要尽量不影响其介电性能，也面临着很大的挑战。

在各种 LTCC 微波陶瓷材料体系中，低介电常数的低温烧结微波陶瓷材料应用尤其广泛。这是因为电信号在 LTCC 基板中的传输速率与基板材料的介电常数平方根成反比。为了降低信号的传输延时，通常希望 LTCC 基板材料的介电常数越低越好。但另一方面，介电常数的平方根又与 LTCC 器件的尺寸成反比，更高的介电常数更有利于实现 LTCC 器件的小型化，但介电常数高了以后一般又会导致器件的加工性变差。综合考虑以上因素，介电常数处于 10 以下的 LTCC 微波材料应用是最为广泛的。硅酸盐类陶瓷是理想的微波基板材料，它们的介电常数通常较低，有利于提升器件信号传输速度，此外介电损耗通常很小，因此这类材料在微波介电陶瓷领域的应用和需求都颇为广泛。但硅酸盐的致密化烧结温度很高，制约了其在 LTCC 技术中的应用。本实验就是要通过各种助熔剂的掺杂实验，来有效地降低 Zn_2SiO_4 陶瓷的烧结温度至 900℃，同时让其依然能够保持低介电损耗的特性。

为了使 Zn_2SiO_4 材料能够应用于 LTCC 基板材料，必须满足低温烧结(～900℃)的要求，即能够在低温就能达到高温烧结时的致密度。最重要的是必须保持良好的微波介电性能，因此对材料的烧结特性影响因素分析变得至关重要。

对于 Zn_2SiO_4 介电陶瓷烧，不论是高温还是低温烧结，固相烧结过程总是存在的，烧结的推动力主要为高温提供的热能。而在低温烧结中，我们引入了玻璃助熔剂，玻璃助熔剂在 300～500℃便会熔融形成液相，因此液相烧结是实现 Zn_2SiO_4 低温烧结的关键所在。随着液相的出现，陶瓷材料内部会形成类似于“毛细管”态的通道，并且由于毛细管两端存在有压力，会将坯体中与液相接触的突出质点溶解于液相中，通过“毛细管”的扩散在另一端淀析。在绝大多数情况下，液相烧结都是伴化学反应进行的。由于其作用力远大于毛细管压力，所以它将引起比表面(包括界面)大几个数量级的自由能下降，故拥有这种化学反应的液相烧结也被称为活化烧结。液相的存在将会显著地促进烧结的进行，其作用主要包括以下几种物理效应：

(1)润滑效应。液相将显著改善坏体内粉体的表面润滑度，这有助于使物质的传递更加顺利进行。

(2)毛细管压力与接触平滑。由于液相的存在，将在坏体内部形成许多类似于毛细管的通道，并且毛细管的两端存在一个压力，毛细管压力将促进物质的快速传递，有助于烧结的进行。

(3)溶入-析出过程。与液相接触的突出粉体将溶于液相中并在其他的凹面发生沉析。这就是液相烧结的主要物质传递方式。

(4)熟化与外形适应——奥氏熟化。它主要描述了烧结过程中颗粒的长大现象。

(5)固态脉络的形成。陶瓷的致密度已经基本不再发生变化，其内部的晶粒已经长大并且相互连接成为一个整体。由于固态脉络的支撑陶瓷材料具备了一定的机械强度，这便是我们常说的陶瓷已经“烧熟”。至此，陶瓷材料的烧结过程基本结束。

LTCC 微波介电陶瓷样品的表征与分析主要包括微观形貌研究、密度测量以及微波介电性能测试。

1. 微结构表征

采用丹东浩元 DX-2700 型 XRD 射线衍射仪，使用 Cu-Ka 辐射射线，采用步进式扫描，扫描的角度为 10°～80°。经由 XRD 分析软件对样品的衍射图谱进行处理，最后得到该样品的物相组成等信息。要注意的是，测试前应该对样品表面进行清洁，以防止杂质相的峰对测试结果造成干扰。采用日本电子株式会社的 JSM-6490LV 型扫描电子显微镜观测样品的表面或者断口截面形貌。要注意的是，微波陶瓷的导电性很差，因此在进行分析前，需要先在观察面上镀上一层金。镀金的过程中应注意的是镀金时间要适中。镀金时间过长会造成表面镀金层太厚从而导致测试时镀金层表面的晶粒与样品的晶粒结构混淆；镀金时间太短容易导致样品表面导电性不佳影响测试效果。

2. 密度测量

通常用相对密度来作为衡量微波陶瓷致密与否的一项指标。本实验用 GF-300D 密度测量仪来测量样品的绝对密度，其测量原理是阿基米德排水法。具体公式如下：

$$\rho = \frac{m_1 \rho_{水}}{m_1 - m_2} \tag{4-6}$$

其中，m_1 为样品干燥时的质量，m_2 为样品浸水后的质量。按照阿基米德排水法测出的结果是样品的绝对密度，最后应根据样品的理论密度来计算相对密度。

3. 微波介电性能测试

为了表征样品的微波介电性能，我们需要分别测试陶瓷样品的介电常数、介电损耗以及其谐振频率温度系数。微波陶瓷的介电性能有多种测试方法，其中比较常用的有平行板电容法、传输线法和谐振腔法。本实验采用的是开式谐振腔法，属于谐振腔法中的一种。该方法在 1960 年由 Hakki 和 Coleman 首次提出，因此也被称为 Hakki-Coleman 法。其测试夹具如图 4.10 所示。

Hakki-Coleman 法对样品的尺寸有一定的要求，通常要求样品的直径 D 应满足 $h<D<2.5h$（h 是圆柱样品的高度，D 是圆柱样品的直径）。在测试前，应当对矢量网络分析仪先进行校准。由于上下两块平行板与它们中间的圆柱样品构成的介质振荡器主要以 $TE_{01\delta}$ 为主模来传播电磁场。放入样品后，根据计算机的计算就可从测试软件直接测得样品的谐振频率 f_0、介电常数 ε_r、以及介电损耗 $\tan\delta$。为了得到精确的测试结果，每次测试之前应该对仪器预热 30min 并进行校准。对于温度系数的测试，只需要对同一样品分别测试其在 20℃和 80℃下的谐振频率再使用下式便可得到结果。

$$\tau_f = (f_{80} - f_{20}) / [f_{20} \times 60] \times 10^6 \ (\text{ppm/℃}) \tag{4-7}$$

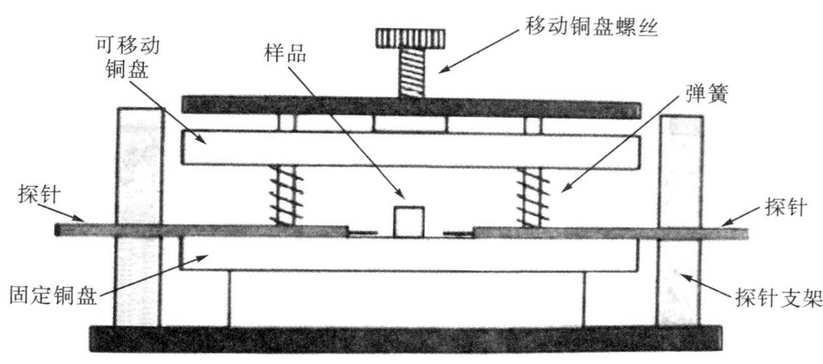

图 4.10　微波介质陶瓷测试夹具

4.4.3　实验设备与器材

电子天平、行星式球磨机、高温电炉、成型压机、SEM、矢量网络分析仪（配测试夹具）、烘箱、干燥箱、原材料（ZnO、SiO_2、$MgCO_3$、B_2O_3 等）、锆球、去离子水、黏合剂、筛网、研钵、成型模具、测试夹具等。

4.4.4 实验步骤

制备低温烧结 Zn_2SiO_4 采用的是传统的固相法工艺流程，实验步骤如下：

(1) 配料。根据设计配方计算各组分的实际用量，然后用电子天平准确称量各组分原料，依次倒入尼龙球磨罐中。

(2) 一次球磨。按 m(料)∶m(球)∶m(水)＝1∶3∶1 的比例加入锆球和去离子水，安装固定球磨罐，采用行星式球磨机，球磨 6h，转速 300r/min；待球磨结束后，取下球磨罐倒出浆料。

(3) 烘干。将料浆置于烘箱中，在 100℃左右烘干。

(4) 预烧。球磨料烘干后，碾碎，过 40 目筛，然后转移到刚玉坩埚中，以 3℃/min 的速度升温至 1150℃，保温 3h 后自然冷却。

(5) 添加助烧剂。称取适量预烧料粉末，按比例加入自制的 LBSCA 玻璃。

(6) 二次球磨。按 m(料)∶m(球)∶m(水)＝1∶3∶1 的比例加入锆球和去离子水，安装固定球磨罐，采用行星式球磨机，球磨 12h，转速 300r/min；待球磨结束后，取下球磨罐倒出浆料。

(7) 烘干。将料浆置于烘箱中，在 100℃左右烘干。

(8) 造粒。二次球磨烘干料过 80 目筛，加入 15%～30%质量分数的 PVA 溶液，采用研磨进行手工造粒。

(9) 成型。称取一定量的造粒料装入模具中，在油压机上用 10MPa 压力下成型(φ=6 mm，h=12mm)，脱模，得到素坯样品。保压时间不低于 1min。

(10) 烧结。将素坯放置到高温电炉中，设定烧结程序，以 2℃/min 的速率升温到 200℃保温 60 min；再以 2℃/min 速率升温到 500℃，保温 240 min；以 4℃/min 速率升温到 900℃，保温 180 min；最后以 4℃/min 降温到 500℃后随炉自然冷却，得到烧结体试样。

(11) 测试。进行微结构和电磁性能测试。

1. 晶相结构测试

(1) 将研磨后的样品粉末放置样品承载玻板上，放入 XRD 测试设备中。

(2) 开启 XRD 测试设备预热，打开 XRD 测控软件。

(3) 在 XRD 测控软件上设置测试条件：采用 Cu-Ka 辐射射线(λ=0.154056nm)，扫描电压=40kV，扫描方式为步进扫描，速度 2°/min，扫描范围 2θ=20°～80°。

(4) 启动自动扫描，待测试完毕后，取出实验样品，更换下一测试样品或关闭测试设备。

(5) 将测试结果导入 JADE 软件，查找对应的衍射峰，确定样品中存在的晶相。

2. 显微形貌观察

(1) 将切断并清洗过的样品断面进行喷金处理。

(2) 将样品粘在样品台上，放入 SEM 测试设备中。

(3) 设备预热、抽真空。

(4) 在电脑上选择样品表面的观测位置，调节观测位置处于显示器中心，再根据观测需求选择放大倍数。

(5) 保留测试结果。

3. 密度测试

(1) 将密度测试仪溶液腔中加入纯净水。

(2) 开启密度测试仪电源。

(3) 测试样品在空气中的重量(样品放置于密度测试仪上称量盘)。

(4) 测试样品在纯净水中的重量(样品放置于密度测试的溶液腔中并完全浸泡)。

(5) 密度测试仪自动计算出样品密度。

4. 微波介电性能测试

(1) 连接测试夹具，开启矢量网络分析仪。

(2) 在夹具腔中放入实验样品。

(3) 开启测试控制程序，输入样品尺寸。

(4) 调节测试夹具旋钮，改变谐振频率，在矢量网络分析仪上查找选择谐振峰。

(5) 锁定谐振峰，采用测控软件自动计算出样品的介电常数、介电损耗和谐振频率。

(6) 如需测试样品的温度系数，需要分别在 20℃和 80℃下测试样品的谐振频率，根据公式计算其温度系数。

4.4.5　样品测试及实验数据处理

(1) 配方计算。

本实验要求设计低温烧结的 Zn_2SiO_4 陶瓷(后期还可尝试 Mg、Li 离子部分替代 Zn 离子的配方设计方案)，原料采用 ZnO 和 SiO_2。其分子量分别为 81.38 和 60.08，因此 Zn_2SiO_4 陶瓷中两种原料的质量百分比为: $w(ZnO)$ ∶ $w(SiO_2)$ ＝81.38×2/(81.38×2+60.08) ∶ 60.08/(81.38×2+60.08)。如配料 100 克左右，应用 100 先乘上各种原料的质量百分比，然后再除以各自原料的纯度，就是各种原料实际的称量数。

(2) 记录烧结密度、介电常数、损耗以及温度系数测试结果，如表 4-9 所示。

表 4-9 各配方的性能测试结果

样品	样品 1#	样品 2#	样品 3#	样品 4#
密度/(g/cm^3)				
介电常数 ε				
Qf/GHz				
τ_f/(ppm/℃)				

(3) 保留所有样品 SEM 测试照片以及 XRD 测试数据，对比不同条件下样品的测试结果。

(4) 给 Origin 等软件进行数据处理，综合对比分析实验样品的宏观和微观检测结果，评价材料配方设计、制备工艺控制条件以及掺杂方案对材料综合性能构成的影响，指导改进材料的研制方案。

4.4.6 实验思考题

(1) 低介电常数的 LTCC 材料有哪些类型？
(2) 采用固相反应烧结法来制备 LTCC 材料有哪些优缺点？
(3) 预烧工艺对 LTCC 材料主要构成的影响？
(4) LTCC 材料的烧结曲线有哪些技术要求？
(5) 用流程图画出 LTCC 材料详细的研制过程？
(6) 为何 LTCC 微波介电陶瓷的损耗用 Qf 来衡量？

4.5 片式功率电感器用抗直流偏置镍锌铁氧体材料的制备

4.5.1 实验目的

本实验为综合课程设计实验项目，主要任务为片式功率电感器用抗直流偏置镍锌铁氧体材料的制备并测试其性能，包括配方设计、混磨、成型、烧结等工艺过程和微结构分析、电磁性能测试环节。本实验的开展可以使学生在电子陶瓷材料的结构设计、制备工艺、结构与性能测试分析等方面接受系统的训练，提高学生的综合分析能力。

通过本实验达到如下目的和要求：

(1) 掌握功率镍锌铁氧体的配方设计与改性机理。

(2) 熟悉并掌握固相反应法制备功率镍锌铁氧体材料的工艺流程和实验室操作过程。

(3) 理解掺杂对功率镍锌铁氧体微观结构和综合电磁性能的影响机制。

建议学时：30～40 学时

4.5.2　实验原理

叠层片式功率电感是通信设备、手机、电脑、广播卫星等领域的基础元件之一，广泛应用于低噪声放大器、开关电源、DC-DC 变换器功率转换器等器件中。叠层片式功率电感因其易集成、多功能、小型化、可靠性高等优良特点，正逐步代替传统绕线电感。片式功率电感的关键材料为低温烧结功率 NiZn 铁氧体与内电极材料。低温共烧陶瓷(Low Temperature Co-fired Ceramic，LTCC) 技术要求铁氧体基体材料与内电极金属材料共同烧结，这就需要铁氧体材料的烧结温度在内电极金属熔点以下。实际生产中常用 Ag 作为内电极，故一般要求 LTCC 材料的烧结温度在 900℃左右。此外，功率 NiZn 功率铁氧体的相对起始磁导率 μ_i、饱和磁感应强度、抗偏置性能等是影响叠层片式功率电感性能的关键因素。由公式 $L=\mu_o\mu_i N^2 A_e / l_e$ 知，当叠层片式电感的结构一定时，电感量 L 与起始磁导率 μ_i 成正比，即提高铁氧体材料的起始磁导率可有效减小电感体积或提高电感量。抗直流偏置性能是指在外加偏置磁场时，材料的磁导率等磁性能参数随偏置磁场大小的变化率，直接影响到叠层片式功率电感能稳定工作的最大叠加直流电流。高饱和磁感应强度有利于提高抗大电流冲击的能力，便于元器件进行大功率设计。提高密度不仅有助于提高饱和磁感应强度，还有利于后期的精密加工。目前，关于 LTCC 叠层片式电感器用抗直流偏置 NiCuZn 铁氧体材料方向的研究主要集中于掺杂改性和烧结制度优化方面。

1. NiZn 铁氧体的结构特点

NiZn 铁氧体属于尖晶石铁氧体，尖晶石铁氧体的化学分子式通式为 $M^{2+}Fe_2^{3+}O_4$，其中 M^{2+}代表二价金属离子，通常是过渡族元素，常见的有 Co、Ni、Fe、Mn、Mg、Zn 等。分子式中的 Fe^{3+}，也可以被其他三价金属离子取代，通常是 Al^{3+}、Cr^{3+}、Ga^{3+}等；也可以被 Fe^{2+}或 Ti^{4+}取代一部分。尖晶石铁氧体的晶格结构呈立方对称；一个单位晶胞含 8 个分子式，一个单胞的分子式为 $8M^{2+}Fe_2^{3+}O_4$。所以，一个铁氧体单胞内共有 56 个离子，其中 M^{2+}8 个，Fe^{3+}16 个，O^{2-}32 个。三者比较氧离子的尺寸最大，晶格结构组成必然以氧离子做密堆积，金属离子填充在氧离子密堆积的间隙内。

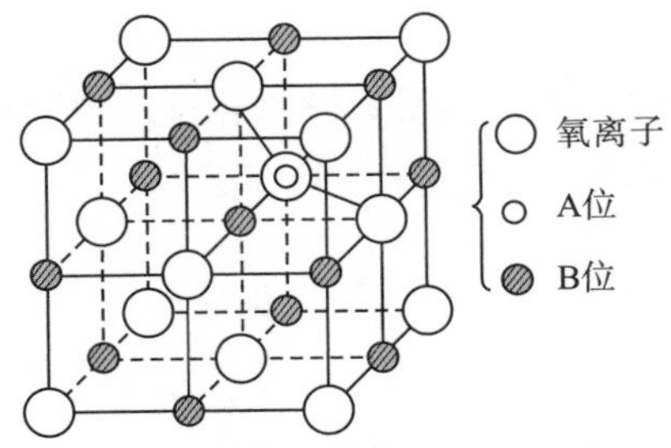

图 4.11　尖晶石铁氧体的晶胞结构

图 4.11 给出了尖晶石铁氧体的晶胞结构，在 32 个氧离子密堆积构成的面心立方晶格中，有两种间隙：①四面体间隙；②八面体间隙。四面体间隙由 4 个氧离子中心连线构成的 4 个三角形平面包围而成。这样的四面体间隙共有 64 个。四面体间隙较小，只能填充尺寸较小的金属离子。八面体间隙由 6 个氧离子中心连线构成的 8 个平面包围而成。这样的八面体间隙共有 32 个。八面体间隙较大，可以填充尺寸较大的金属离子，图中 A 位表示四面体间隙，B 位表示八面体间隙。一个尖晶石单胞，实际上只有 8 个 A 位和 16 个 B 位被金属离子填充。填充 A 位的金属离子构成的晶格，称为 A 次晶格；同理，填充 B 位的金属离子构成的晶格称为 B 次晶格。实用上，把 M^{2+}填充 A 位，Fe^{3+}填充 B 位的分布，定义为“正型”尖晶石铁氧体，即 $(M^{2+})[Fe_2^{3+}]O_4$。结构式中括号()和[ ]分别代表被金属离子占有的 A 位和 B 位(图 4.12)。

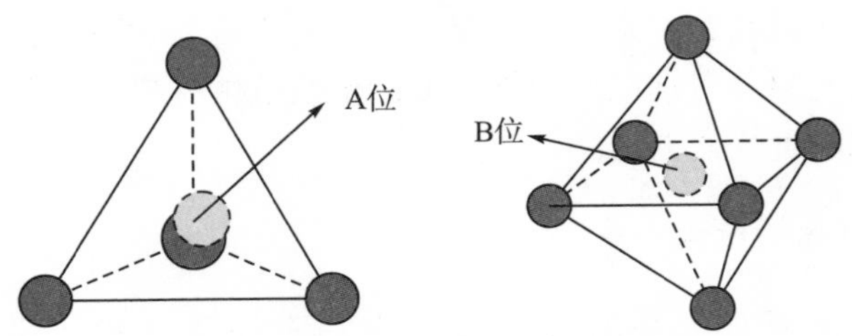

图 4.12　A 位和 B 位结构示意图

金属离子的分布规律一般与离子半径、电子层结构、离子价键平衡和离子有序化等因素有关。此外还依赖于铁氧体的热处理过程。一般情况下，金属离子占 A 位和 B 位的倾向是：

A 位 ⟵⟶ B 位

Zn^{2+}，Cd^{2+}，Ga^{3+}，In^{3+}，Ge^{4+}，Mn^{2+}，Fe^{3+}，V^{3+}，Cu^{1+}，Fe^{2+}，Mg^{2+}，Li^{1+}，Al^{3+}，Cu^{2+}，Co^{2+}，Mn^{3+}，Ti^{4+}，Sn^{4+}，Ni^{2+}，Cr^{3+}

其中，NiCuZn 铁氧体材料因其电阻率高、高频损耗较低、制备工艺简单、成本低等优良性能广受国内外研究者的关注，并得到了迅速发展。

2. 制备工艺过程

制备铁氧体粉料常用的方法为固相反应法(如图 4.13 所示)，由于成本低、工艺成熟、适合大批量生产等特点而备受企业和研究者的关注。基本原料是 NiO、CuO、ZnO 和 Fe_2O_3 等金属氧化物，经称料、一次球磨、烘干、预烧、二次球磨、烘干、造粒、成型、烧结等一系列工艺步骤，最终得到测试样品。

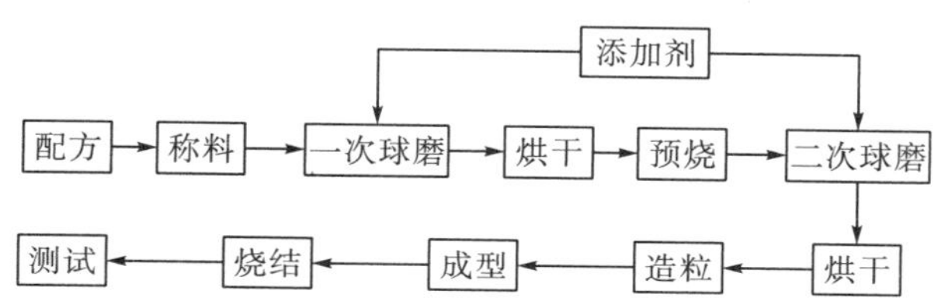

图 4.13　固相反应法制备 NiCuZn 铁氧体材料流程图

为实现 LTCC 技术的生产需要，首先要把材料的烧结温度降到 900℃左右。常用的降低铁氧体烧结温度的方法如下：

(1) 添加低熔点助烧剂。助烧剂在较低温度下呈液相或与原粉料中某些成分形成低共熔物，通过液相传质作用促进晶粒生长，从而促进材料的低温烧结致密化。

(2) 进行离子替代。用适量可进入主晶格生成单相固溶体的离子替代，烧结中形成低熔点的改性化合物降低烧结温度。

(3) 精细粉料。提高粉料的表面活性或细化粉料的尺寸，使得粉粒间接触面积增大、表面自由能增大，从而促进烧结。

3. 测试表征

功率镍锌铁氧体材料的测试表征主要包括微观形貌观测、烧结密度测量以及电磁性能测试。

(1) 微结构表征：

采用丹东浩元 DX-2700 型 XRD 射线衍射仪，使用 Cu-Ka 辐射射线，采用步进式扫描，扫描的角度为 10°～80°。经由 XRD 分析软件对样品的衍射图谱进行处理，最后得到该样品的物相组成等信息。要注意的是，测试前应该对样品表面进行清洁，以防止杂质相的峰对测试结果造成干扰。采用日本电子株式会社的

JSM-6490LV 型扫描电子显微镜观测样品的表面或者断口截面形貌。

(2)烧结密度测量：

采用阿基米德排水法测定烧结体试样的密度，烧结试样密度的计算公式为：

$$\rho = \frac{m_1 \times \rho_{液体}}{m_2 - m_3} \tag{4-8}$$

其中，m_1为经 120℃恒重的干燥试样在空气中的质量(g)，$\rho_{液体}$为实验温度下浸渍液体的密度(g/cm^3)，m_2为试样在液体中充分浸泡、排气后在空气中的表观质量(g)，m_3为试样浸没在液体中的表观质量(g)。根据试样特性，常选择蒸馏水或者煤油作为浸渍液体。

(3)电磁性能测试：

铁磁材料放入强度为 H 的磁场中将被磁化，产生的磁感应强度 B 与 H 的关系为：$B=\mu H$，μ 为磁导率。由于不可逆磁化过程导致磁滞并形成磁滞回线，如图 4.14 所示，B 与 H 呈非线性关系。当铁磁材料从 H=0 开始磁化时，B 随 H 逐渐增大，磁化至趋近饱和后(图中 a 点，H_s 和 B_s 分别为饱和时的磁场强度和磁感应强度)，如果将 H 降低到 $H=0$(图中 b 点)时，$B=B_r$，称为剩余磁化。如果再使 H 反向增加至 $H=-H_c$，磁感应强度消失 $B=0$，H_c 称为矫顽力，其大小反映铁磁材料保持剩磁状态的能力。沿 a→b→c→d→e→f→a 顺序变化得到闭合的 B-H 曲线，称为磁滞回线。本实验基于冲击法进行软磁直流 B-H 特性自动测试。

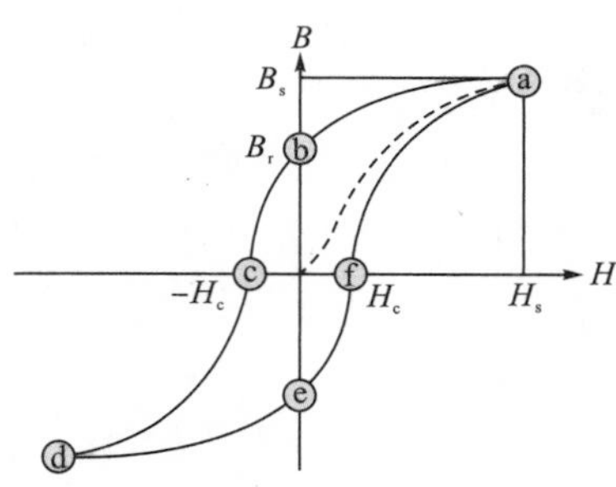

图 4.14 磁滞回线

起始磁导率是磁导率在磁化曲线始端的极限值，即

$$\mu_i = \frac{1}{\mu_0} \xrightarrow[\Delta H \to 0]{\lim} \frac{\Delta B}{\Delta H} \tag{4-9}$$

式中，μ_0 为真空磁导率，ΔB 为磁感应强度的变化率，ΔH 为磁场强度的变化率。

就微观机制而言，起始磁导率是可逆畴转矢量转动和可逆畴壁位移两个磁化过程的叠加。

$$\mu_i = \mu_{i转} + \mu_{i位} \tag{4-10}$$

一般烧结铁氧体样品若内部气孔多，密度低，则畴壁移出气孔困难，在弱场下磁化机制主要为可逆畴转；若样品晶粒大，密度高，气孔少，畴壁位移容易，磁化就以可逆壁移为主。提高饱和磁化强度 M_s，降低磁晶各向异性常数 K_1 和磁致伸缩系数 λ_s，减少杂质，提高密度，增大晶粒并促进结构均匀，消除内应力与气孔、另相等可以有效提高磁导率。

常用绕制适量匝数线圈的环形磁芯样品来测量起始磁导率。对于环形磁芯来说，由于磁路闭合的原因漏感可以忽略，材料的起始磁导率 μ_i 等于磁芯的有效磁导率 μ_e，即

$$\mu_e = \frac{L}{\mu_0 N^2} \cdot \frac{L_e}{A_e} \tag{4-11}$$

式中，L 为装有磁芯的线圈的电感量(nH)，μ_0 为真空磁导率，N 为线圈匝数，L_e 和 A_e 分别为环形试样的有效磁路长度(cm)和有效截面积(cm^2)。

$$L_e = \frac{2\pi \ln\left(\frac{r_2}{r_1}\right)}{\left(\frac{1}{r_1} - \frac{1}{r_2}\right)} \tag{4-12}$$

$$A_e = \frac{h \ln^2\left(\frac{r_2}{r_1}\right)}{\left(\frac{1}{r_1} - \frac{1}{r_2}\right)} \tag{4-13}$$

式中，r_1 为环形磁芯的内半径(cm)，r_2 为环形磁芯的外半径(cm)，h 为磁芯高度(cm)。

将(4-12)、(4-13)两式代入(4-10)式，简化后得到：

$$\mu_i = \frac{L}{2N^2 h \ln\left(\frac{r_2}{r_1}\right)} \tag{4-14}$$

式中，L 为装有磁芯的线圈的电感量(nH)、N 为线圈匝数、r_1 为环形磁芯的内半径(cm)，r_2 为环形磁芯的外半径(cm)，h 为磁芯高度(cm)。

叠加外加偏置场可得到增量磁导率，常用磁导率降低至 70%时对应的磁场强度 $H_{70\%}$的大小来评价功率铁氧体材料的抗直流偏置能力。

4.5.3 实验设备与器材

电子天平、球磨机、压机、高温电炉、TH2828 LCR 数字电桥、TH1776 直流偏置电流源、MATS-2010SD 软磁直流测量装置、XRD、SEM、原材料(NiO、CuO、

ZnO、Fe_2O_3 等）、不锈钢球、去离子水、黏合剂、游标卡尺、测试用漆包线、成型模具、测试夹具等。

4.5.4 实验步骤

(1) 配料：根据实验要求设计 NiCuZn 铁氧体配方，由氧化物的重量百分含量计算各组分原材料的实际用量，每个配方配料总计约 150g。利用电子天平准确称量各组分的原材料，混合均匀后倒入球磨罐中。

(2) 一次球磨：按 m(料)∶m(球)∶m(水)＝1∶2.5∶1.2 的比例加入不锈钢球和去离子水，安装固定球磨罐，采用行星式球磨机，球磨 6h，转速 250r/min；待球磨结束后，取下球磨罐倒出浆料。

(3) 烘干：将料浆置于烘箱中，在 90℃左右烘干约 12h。

(4) 预烧：球磨料烘干后，碾碎，过 80 目筛，然后转移到刚玉坩埚中，放置到高温电炉中，按 2℃/min 的速度升温至 850℃，并保温 2h 后自然冷却得到预烧料粉末。

(5) 添加助剂：称取适量预烧料粉末，按比例加入自制的 Bi_2O_3-ZnO-B_2O_3 (BZB) 玻璃和 Bi_2O_3 等添加剂。

(6) 二次球磨，按 m(料)∶m(水)∶m(球)＝1∶1∶2.5 的比例加入不锈钢球和去离子水，安装固定球磨罐，采用行星式球磨机，球磨 12h，转速 250r/min；待球磨结束后，取下球磨罐倒出浆料。

(7) 烘干：将料浆置于烘箱中，在 90℃左右烘干约 12h。

(8) 造粒：二次球磨烘干料过 80 目筛，掺入 10%质量分数的 PVA 溶液，采用研磨进行手工造粒。

(9) 成型：称取一定量的造粒料装入模具中，在油压机上用 8～9MPa 压力成型 ($\varphi 18\times 8\times 3mm^3$)，脱模，得到素坯样品。

(10) 烧结：将素坯放置到高温电炉中，设定烧结程序，在 880～900℃进行烧结，按 2～3℃/min 的速度升温至设定温度并保温若干小时，自然冷却，得到烧结体试样。

(11) 测试：进行微结构 (XRD/SEM) 和电磁性能 (烧结密度、起始磁导率、饱和磁感应强度、增量磁导率) 测试。

1. 晶相结构测试

(1) 将研磨后的样品粉末放置样品在承载玻板上，放入 XRD 测试设备中。

(2) 开启 XRD 测试设备预热，打开 XRD 测控软件。

(3) 在 XRD 测控软件上设置测试条件：采用 Cu-Ka 辐射射线 (λ=0.154056nm)，

扫描电压=40kV，管电流 30Ma，扫描方式为步进扫描，扫描速度 2°/min，扫描范围 2θ=20°～80°。

(4) 启动自动扫描，待测试完毕后，取出实验样品，更换下一待测样品或关闭测试设备。

(5) 将测试结果导入 JADE 软件，查找对应的衍射峰，确定样品中存在的晶相。

2. 显微形貌观察

(1) 将切断并清洗过的样品断面进行喷金处理。

(2) 将样品粘在样品台上，放入 SEM 测试设备中。

(3) 设备预热、抽真空。

(4) 在电脑上选择样品表面的观测位置，调节观测位置处于显示器中心，再根据观测需求选择放大倍数。

(5) 保留测试结果。

3. 烧结密度测试

(1) 120℃恒重后，测量试样在空气中的质量 m_1。

(2) 将试样浸入煤油中，待彻底排气后，测量试样在空气中的表观质量 m_2。

(3) 将试样浸入煤油，测量试样在煤油中的表观质量 m_3。

(4) 根据公式(4-8)计算试样的烧结密度。

4. 起始磁导率测试

(1) 将 TH2828LCR 数字电桥开机预热 20min，并进行开路和短路较准。

(2) 设置测量条件：测量参数为 L_s、测试频率为 100kHz、测试电平为 100mV。

(3) 依次做开路校准、短路校准。

(4) 准确测量待测环型样品的内径、外径和厚度。

(5) 将待测样品绕制一定匝数的线圈，连接被测件到测试夹具，测量电感量。

(6) 根据公式(4-14)计算材料的起始磁导率。

5. 饱和磁感应强度测试

(1) 按顺序开关机：显示器→主机→软磁测试软件 SMTest→MATS-2010 软磁直流测量装置→接入样品→准备测试。

(2) 校准仪器：首先接好初、次级测试夹，然后将绕制一定匝数铜线的标准样品的初、次级与仪器的初、次级一一对应，然后按照证书上的参数输入即可：选择其他→输入 L_e→输入 A_e→按回车键→输入初级匝数→输入次级匝数→选择模拟冲击法→Tsw 1 秒→将测磁化曲线和测磁滞回线都打勾→输入测试条件

H_i→H_j→H_s→对磁通计进行调稳清零之后→鼠标点击测试。观察结果矫顽力 H_c 和饱和磁感应强度 B_s 以及整个磁滞回线是否平滑。

(3) 测试软件设置与测试：

①用游标卡尺测量磁环的尺寸。

②根据仪器的输出电流与样品矫顽力的估计确定初级绕组匝数 N_1。

③根据仪器的磁通灵敏度设定样品测试线圈绕组的匝数 N_2。

④接好初、次级测试夹，将样品的初、次级与仪器的初、次级一一对应。打开测量软件→选择“环型”，输入参数(样品外径、样品内径、样品高度、等效磁路长度、横截面积、线圈匝数)。测试条件 H_i(0.04～0.8A/m)，H_j(如果不知道就设为 H_i 的十倍或者设为零)，H_s(一般的非晶和纳米晶材料设为 80A/m)，对磁通计进行清零，然后调稳磁通计，最后再清零，点击测试。

⑤实验数据输出：点击文件(File)菜单→输出(Export)→表格(Sheet)，读取最近表格显示相关参数。

(4) 按顺序关机：将样品拆下→关闭 MATS-2010SD 软磁直流测量装置→关闭软磁测试软件 SMTest→关电脑。

6. 增量磁导率测试

(1) 将 TH2828 LCR 数字电桥和 TH1776 直流偏置电流源连机，设备预热半小时。

(2) 设置测量条件：测量参数为 L_s、测试频率为 100kHz、测试电平为 100mV、直流偏置电流 0～2A。

(3) 依次做误差校准、开路校准、短路校准。

(4) 连接被测件到测试夹具。

(5) 打开直流偏置输出，测量被测件，读取不同电流条件下的电感值。

(6) 关闭直流偏置输出。

4.5.5　样品测试及实验数据处理

1. 配方计算

本实验要求设计起始磁导率为 150 的 NiCuZn 铁氧体材料，基本配方各组分的重量百分含量：$w(Fe_2O)$、$w(NiO)$、$w(ZnO)$、$w(CuO)$、$w(Co_2O_3)$。原材料及纯度：Fe_2O_3 (99.44%)、NiO (99.6%)、ZnO (99.81%)、CuO (99%)、Co_2O_3(99%)，根据配方计算各组分的质量如下：

$m(Fe_2O_3)$：$100\times w(Fe_2O)\div 99.44\%$

$m(NiO)$：$100\times w(NiO)\div 99.6\%$

$m(ZnO)$：$100\times w(ZnO)\div 99.81\%$

$m(\text{CuO})$：$100\times w(\text{CuO})\div 99\%$

$m(\text{Co}_2\text{O}_3)$：$100\times w(\text{Co}_2\text{O}_3)\div 99\%$

2. 记录烧结密度、磁导率、饱和磁感应强度、矫顽力以及 $H_{70\%}$在表 4-10。

表 4-10 实验数据记录表

样品	样品 1#	样品 2#	样品 3#	样品 4#
烧结密度/(g/cm^3)				
起始磁导率 μ_i				
B_s/mT				
H_c/(A/m)				
$H_{70\%}$/(A/m)				

(3) 保存所有样品 SEM 观察照片以及 XRD 测试数据，对比不同条件下样品的测试结果。

(4) 使用 Origin 等软件进行数据处理，综合对比分析实验样品的宏观和微观检测结果，评价材料配方设计、制备工艺以及掺杂对材料综合性能构成的影响，指导改进材料的研制方案。

4.5.6 实验思考题

(1) 简述抗直流偏置功率镍锌铁氧体的结构设计原理。

(2) 微晶玻璃和低熔点氧化物掺杂对镍锌铁氧体微结构和性能有哪些影响？

(3) 如何提高功率镍锌铁氧体的综合性能？

4.6 LTCF 旋磁铁氧体材料的制备

4.6.1 实验目的

本实验为综合课程设计实验项目，主要任务为制备 LTCF 旋磁铁氧体材料并测试其性能，包括配方设计、混磨、成型、烧结等工艺过程和微结构分析、旋磁性能测试环节。学生根据研制材料的微观和宏观性能的检测结果开展综合分析讨论，并指导相应材料的设计和制备工艺。

通过本实验达到如下目的和要求：

(1) 掌握 LTCF 旋磁铁氧体材料配方设计原理。

(2) 掌握固相反应法制备旋磁铁氧体材料的工艺流程和关键设备操作方法。

(3) 掌握材料对比试验技巧和方法，能结合材料性能的检测分析改进材料的配方、工艺条件和掺杂设计方案，进一步优化材料性能。

建议学时：30～40 学时

4.6.2 实验原理

微波铁氧体材料和器件在雷达、卫星通信和移动通信等方面有着广泛的应用。微波铁氧体器件的工作原理主要是依靠铁氧体材料磁导率的张量特性以及铁磁共振效应，即在稳恒磁场及微波磁场的共同作用下磁化强度绕稳恒磁场旋进运动。因此，微波铁氧体材料又称为旋磁材料。

旋磁材料主要有尖晶石型、石榴石型以及磁铅石型单晶和多晶铁氧体材料。尖晶石旋磁铁氧体具有较低的磁损耗和介电损耗，在微波 C 频段以上有较多的应用。主要材料系列有 Mg 系、Ni 系和 Li 系。其中，Li 系旋磁铁氧体居里温度 T_c 高，可达 600℃以上，因而，这类材料的温度稳定性较好；同时又由于这类材料的磁晶各向异性常数 K_1 和磁致伸缩系数 λ_s 较低，且磁滞回线具有矩形性，剩磁对应的灵敏性也较低，因此，Li 系铁氧体在高功率器件和移相器中得到了非常广泛的应用。但是由于 Li 比较容易挥发，所以 Li 铁氧体的烧结比较困难，而通过对 Li 铁氧体的离子取代，可以使得 Li 铁氧体的性能得到很大的改善。

1. 离子取代对旋磁铁氧体材料性能的影响

Ti^{4+}虽然能有效地降低饱和磁化强度 M_s，满足较低频率的微波铁氧体器件的要求，但是它的含量对居里温度 T_c 有较大的影响，需要限制 Ti^{4+}的掺入量。由于 Ti^{4+}是高价态的离子，为了维持电价平衡，必须用低价元素来补偿它的高价态，否则会使 Fe^{3+}变为 Fe^{2+}，从而引起损耗的急剧增加，通常用过量的 Li^+来补偿。

少量的 Mn^{2+}能够有效地防止 Fe^{2+}的出现。而且 Mn^{2+}的加入可以降低磁致伸缩系数和剩磁的应力敏感性，改善矩形度和剩磁比。但 Mn^{2+}的加入会降低材料居里温度 T_c，增大 M_s 的温度系数。

加 Zn^{2+}的主要目的是降低磁晶各向异性及铁磁共振线宽。由于 Zn^{2+}加入 Li 铁氧体后具有很强的四面体间隙占位倾向，从而使四面体间隙中 Fe^{3+}浓度减小，削弱超交换作用导致磁晶各向异性降低，而且 Zn^{2+}的添加使 Li 铁氧体的晶粒长大、密度提高、矫顽力降低，因此加 Zn^{2+}的 Li 铁氧体的共振线宽大大降低。由于 Fe^{3+}的被置换和重新分布，结果加少量 Zn^{2+}的 Li 铁氧体的室温饱和磁化强度有所增加。

加入少量的 Bi^{3+}一方面可以有效地抑制 Li 挥发，提高材料的致密度。另一方

面 Bi^{3+}加入降低了材料的烧结温度，避免了 Fe_2O_3 和 Fe^{2+}的出现，可以降低介电损耗和增大 M_s 值；另一方面，由于气孔率的减小，矫顽力和铁磁共振线宽也有所下降。但当 Bi^{3+}含量过高时，过多的 Bi_2O_3 在晶粒表面形成一层薄层，阻断各晶粒间的接触，抑制晶粒长大，均匀性变差。

2. 制备方法

(1) 旋磁铁氧体配方设计。考虑到 Zn^{2+}取代时非磁性 Zn^{2+}进入四面体 A 位，Ti^{4+}取代时在不过量的情况下占据四面体结构中的 B 位。因此离子分布式可表示如下：

$$(Zn_xFe_{1-x})[Li_{0.5-y}Fe_{1.5+y-z}Ti_z]O_4$$

考虑分子式价态守恒：

$$2x+3(1-x)+0.5-y+(1.5+y-z)\times3\times4z-8=0$$

得 $z=x-2y$

则分子式可改写为：

$$(Li_{0.5-y}Zn_x)[Ti_{0.27-2y}Fe_{1.96+3y}]O_4$$

根据文献报道，选取高 M_s 基本配方：$x=0.27$，$y=0.08$，同时引入少量 Mn^{2+}来调控损耗，则有 $Li_{0.42}Zn_{0.27}Ti_{0.11}Mn_{0.1}Fe_{2.1}O_4$

进一步地，为了达到降低烧结温度的目的，引入 Bi^{3+}，则有

$$Li_{0.42}Zn_{0.27}Ti_{0.11}Mn_{0.1}Fe_{2.1-x}Bi_xO_4\ (x=0\sim0.01)$$

(2) 制备工艺。本实验是采用固相反应法制备低温共烧铁氧体(LTCF)移相器用旋磁材料，其工艺流程图如图 4.15 所示。

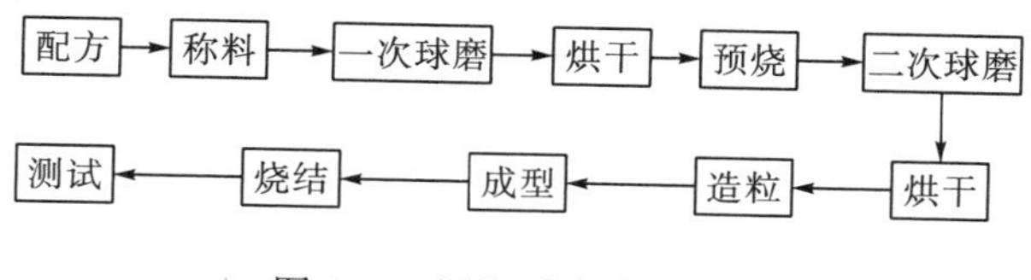

图 4.15　固相反应法流程图

3. 旋磁性能分析

基于应用背景，旋磁铁氧体特性参数基本要求：适宜的饱和磁化强度和矫顽力、低损耗和高的温度稳定性。

铁氧体旋磁特性的根源在于磁矩与电磁波的相互作用。一般来说，饱和磁化强度(M_s)越高，旋磁特性越强，也就越有利于缩小器件的体积。如法拉第旋转角与材料的 M_s 成正比，单位长度上的相移也随 M_s 的加大而增加。但是在恒稳磁场下，M_s 的增加将易于使铁氧体在微波讯号作用下发生自然共振，使低场损耗上升。

因此，在确定 M_s 值时，应根据器件提出的要求进行全面综合考虑。为了防止发生自然共振，必须使 $4\pi M_s < \frac{\omega}{2\pi\gamma} - H_a$，一般取 $\frac{2\pi\gamma 4\pi M_s + H_a}{\omega} \approx 0.2 \sim 0.6$，式中 H_a 为各向异性等效场(一般在几十到几百奥的范围内)，γ=2.8MHz/Oe，为旋磁比。此外，过高的 $4\pi M_s$ 也会减低器件所能承受的功率。因此，只有在不发生自然共振和不减低承受功率的前提下，才能尽量使用 $4\pi M_s$ 较高的材料来提高器件的性能和缩小器件体积。

铁磁共振线宽 ΔH 是微波铁氧体材料磁损耗参数，微观上，ΔH 与自旋间相互作用产生的能量转换的自旋-自旋弛豫过程和通过晶格与磁矩间的耦合所产生的自旋-晶格弛豫过程有关。其中自旋-晶格弛豫过程与铁氧体中的金属离子种类有关，自旋-自旋弛豫过程和单晶铁氧体中存在的不均匀性相关。宏观上，影响铁磁共振线宽的有杂质、缺陷、不均匀性、表面粗糙度、内应力、温度及工作频率等。通常，多晶铁氧体的铁磁共振线宽可表示为

$$\Delta H_{\text{多晶}} = \Delta H_{\text{单晶}} + \Delta H_{\text{磁晶各向异性}} + \Delta H_{\text{气孔}} + \Delta H_{\text{表面}}$$

影响 $\Delta H_{\text{多晶}}$ 的因素虽然很多，但在特定条件下，影响 $\Delta H_{\text{多晶}}$ 的主要因素是磁晶各向异性和材料的密度。

介电损耗是微波铁氧体材料损耗的重要组成部分，包含由 Fe^{2+}和 Fe^{3+}电子迁移引起的漏导损耗和电偶极子引起的转向极化损耗。提高材料直流电阻率有助于降低漏导损耗，但在微波段，铁氧体材料的漏导损耗在介电损耗中的比例较小，而电偶极子引起的极化损耗则对介电损耗起主要贡献。采用缺铁配方既可以提高样品电阻率，减小漏导损耗，又可以减少 Fe^{2+}和 Fe^{3+} 等电偶极子的浓度，降低极化损耗，是降低介电损耗的有效措施。

对用于微波移相器的铁氧体材料而言，矫顽力 H_c 的大小直接影响到器件驱动功率，矫顽力越大需要的驱动功率越大，因此，我们希望得到尽量小的矫顽力 H_c。矫顽力主要来源于不可逆的磁化过程，受磁各向异性、杂质、气孔、应力和其他缺陷等因素影响，其大小可通过配方和工艺来调节。对用于微波移相器的铁氧体材料而言，剩磁比 B_r/B_s 的大小直接影响到移相器的单位相移量，希望有大的剩磁比。

4.6.3 实验设备与器材

电子天平、球磨机、油压机、高温电炉、MATS-2010SD 软磁直流测量装置、振动样品磁强计(VSM)、XRD、SEM、原材料(NiO、CuO、ZnO、Fe_2O_3等)、不锈钢球、去离子水、黏合剂、游标卡尺、测试用漆包线、成型模具、测试夹具等。

4.6.4　实验步骤

(1)配料：根据化学式 $Li_{0.42}Zn_{0.27}Ti_{0.11}Mn_{0.1}Fe_{2.1-x}Bi_xO_4$ (x=0～0.01)，计算各组分原材料的实际用量，每个配方配料总计约 150g。利用电子天平准确称量各组分的原材料，混合均匀后倒入球磨罐中。

(2)一次球磨：按 m(料)∶m(球)：m(水)＝1∶2.5∶1.5 的比例加入不锈钢球和去离子水，安装固定球磨罐，采用行星式球磨机，球磨 4h，转速 250r/min；待球磨结束后，取下球磨罐倒出浆料。

(3)烘干：将料浆置于烘箱中，在 90℃左右烘干约 12h。

(4)预烧：一次球磨料烘干后，碾碎，过 80 目筛，然后转移到刚玉坩埚中压实打孔，放入高温电炉中按 2℃/min 的速度升温至 850℃，并保温 2h 后自然冷却得到预烧料粉末。

(5)二次球磨：称取适量预烧料粉末，按 m(料)∶m(球)∶m(水)＝1∶2.5∶1.2 的比例加入不锈钢球和去离子水，安装固定球磨罐，采用行星式球磨机，球磨 6h，转速 250r/min；待球磨结束后，取下球磨罐倒出浆料。

(6)烘干：将料浆置于烘箱中，在 90℃左右烘干约 12h。

(7)造粒：二次球磨烘干料过 80 目筛，掺入 10%质量分数的 PVA 溶液，采用研磨进行手工造粒。

(8)成型：称取一定量的造粒料装入模具中，在油压机上用 8～9MPa 压力成型($\varphi 18\times 8\times 3mm^3$)，脱模，得到素坯样品。

(9)烧结：将素坯放置到高温电炉中，设定烧结程序，以 2℃/min 的速率从室温升温到 200℃，保温 30min；以 2℃/min 的速率升温至 500℃，保温 30min；以 2℃/min 的速度升温至 880～900℃，并保温 120min；先以 2℃/min 的速率降温至 500℃，然后让其自然降温至室温，得到烧结体试样。

(10)测试：进行微结构(XRD/SEM)和电磁性能(烧结密度、饱和磁化强度、矫顽力、剩磁比)测试。

1. 晶相结构测试

(1)将研磨后的样品粉末放置样品在承载玻板上，放入 XRD 测试设备中。

(2)开启 XRD 测试设备预热，打开 XRD 测控软件。

(3)在 XRD 测控软件上设置测试条件：采用 Cu-Ka 辐射射线(λ=0.154056nm)，扫描电压 40kV，管电流 30mA 扫描方式为步进扫描，扫描速度 2°/min，扫描范围 2θ=10°～90°。

(4)在电脑上选择样品表面的观测位置，调节观测位置处于显示器中心，再根据观测需求选择放大倍数。

(5) 将测试结果导入 JADE 软件，查找对应的衍射峰，确定样品中存在的晶相。

2. 显微形貌观察

(1) 将切断并清洗过的样品断面进行喷金处理。

(2) 将样品粘在样品台上，放入 SEM 测试设备中。

(3) 设备预热、抽真空。

(4) 在电脑上选择要放大观测的样品，调节样品位置居中，根据样品具体晶粒尺寸大小选择放大倍数。

(5) 保留测试结果。

3. 烧结密度测试

(1) 120℃恒重后，测量试样品在空气中的质量 m_1。

(2) 将试样浸入煤油中，待彻底排气后，测量试样在空气中的表观质量 m_2。

(3) 将试样浸入煤油，测量试样在煤油中的表观质量 m_3。

(4) 根据公式(4-8)计算试样烧结密度。

4. 饱和磁化强度测试

(1) 按顺序开机：推闸→打开 VSM 机箱开关→软件运行，之后预热半小时。

(2) 调零：分别进行电流调零、磁场调零和磁矩调零。

(3) 调鞍区，测镍球的磁化曲线用标准值进行定标。

(4) 将加工成直径 3mm 左右的小球试样放入样品室，用棉花固定，软件参数的设定，输入文件名、测试条件和退磁因子。

(5) 选择测试内容，点击开始测量。

(6) 读取 M_s 数据。

5. 矫顽力、剩磁比测试

(1) 按顺序开机：显示器→MATS-2010SD 主机→软磁测试软件 SMTest→MATS-2010 软磁直流测量装置→接入样品→准备测试。

(2) 校准仪器：首先接好初、次级测试夹，然后将绕制一定匝数铜线的标准样品的初、次级与仪器的初、次级一一对应，然后按照证书上的参数输入即可：选择其他→输入 L_e→输入 A_e→按回车键→输入初级匝数→输入次级匝数→选择模拟冲击法→Tsw 1 秒→将测磁化曲线和测磁滞回线都打勾→输入测试条件 H_i→H_j→H_s→对磁通计进行调稳清零之后→鼠标点击测试。观察结果矫顽力 H_c 和饱和磁感应强度 B_s 以及整个磁滞回线是否平滑。

(3) 测试软件设置与测试：

①用游标卡尺测量磁环的尺寸。

②根据仪器的输出电流与样品矫顽力的估计确定初级绕组匝数 N_1。

③根据仪器的磁通灵敏度设定样品测试线圈绕组的匝数 N_2。

④接好初、次级测试夹，将样品的初、次级与仪器的初、次级一一对应。打开测量软件→选择“环型”，输入参数(样品外径、样品内径、样品高度、等效磁路长度、横截面积、线圈匝数)。测试条件 H_i(0.04～0.8A/m)，H_j(如果不知道就设为 H_i 的十倍或者设为零)，H_s(一般的非晶和纳米晶材料设为 80A/m)，对磁通计进行清零，然后调稳磁通计，最后再清零，点击测试。

⑤实验数据输出：点击文件(File)菜单→输出(Export)→表格(Sheet)，读取最近表格显示的 H_c、B_s 和 B_r 数值。

(4) 按顺序关机：将样品拆下→关闭 MATS-2010SD 软磁直流测量装置→关闭软磁测试软件 SMTest→关电脑。

4.6.5　样品测试及实验数据处理

1. 配方计算

按照 $Li_{0.42}Zn_{0.27}Ti_{0.11}Mn_{0.1}Fe_{2.1-x}Bi_xO_4$($x$=0.001，0.003，0.005，0.007) 化学式进行计算，具体配方如表 4-11 所示。

表 4-11　不同配方比例的旋磁铁氧体材料分子量与纯度

	Li_2CO_3	ZnO	TiO_2	Mn_3O_4	Fe_2O_3	Bi_2O_3
分子量 M	73.89	81.39	79.87	228.82	159.69	465.96
纯度 P	99%	99%	99%	98.57%	99.63%	99%

例如：x=0.001 时，总的分子量 $M_{总} = 0.42\div2\times73.89+0.27\times81.39+0.11\times79.87+0.1\div3\times228.82+2.099\div2\times159.69+0.001\div2\times465.96=221.733$

假设一次配 150g 粉料：

所需 Li_2CO_3：$150\times0.42\div2\times M_{Li}\div M_{总}\div P_{Li}=150\times0.21\times73.89\div221.733\div99\%=10.6030$

所需 ZnO：$150\times0.27\times M_{Zn}\div M_{总}\div P_{Zn}=150\times0.27\times81.39\div221.733\div99\%=15.0162$

所需 TiO_2：$150\times0.11\times M_{Ti}\div M_{总}\div P_{Ti}=150\times0.11\times79.87\div221.733\div99\%=6.0034$

其余类推。计算结果填入表 4-12：

表 4-12 实验数据记录表

X	Li_2CO_3	ZnO	TiO_2	Mn_3O_4	Fe_2O_3	Bi_2O_3
0.001						
0.003						
0.005						
0.007						

2. 记录烧结密度、饱和磁化强度、矫顽力以及剩磁比的结果在表 4-13。

表 4-13 实验数据记录表

样品	样品 1#	样品 2#	样品 3#	样品 4#
烧结密度/(g/cm^3)				
饱和磁化强度 $4\pi Ms$/Gs				
H_c/(A/m)				
B_r/B_s				

(3) 保存所有样品 SEM 观察照片以及 XRD 测试数据，对比不同取代量、烧结制度条件下样品的测试结果。

(4) 使用 Origin 等软件进行数据处理，综合对比分析实验样品的宏观和微观检测结果，评价材料配方设计、制备工艺对材料综合性能构成的影响，指导改进材料的研制方案。

4.6.6 实验思考题

(1) 简述各类旋磁铁氧体的结构特点。

(2) 旋磁铁氧体配方设计过程中如何确定各离子掺杂种类及其用量？

(3) 如何降低 LTCF 旋磁铁氧体材料的微波损耗？

参 考 文 献

[1]殷庆瑞，祝炳和. 功能陶瓷的显微结构、性能与制备技术[M]. 北京：冶金工业出版社，2005.

[2]李言荣. 电子材料[M]. 北京：清华大学出版社，2013.

[3]Chen H W，Su H，Zhang H W，et al. Low-temperature sintering and microwave dielectric properties of

$(Zn_{1-x}Co_x)_2SiO_4$ ceramics[J]. Ceramics International，2014，40：14655-14659.

[4]Chen H W，Su H，Zhang H W，et al. Low temperature sintering and microwave dielectric properties of the LBSCA-doped $(Zn_{0.95}Co_{0.05})_2SiO_4$ ceramics[J]. J. Mater. Sci.：Mater Electron，2015，26：2820-2823.

[5]Du X Y，Su H，Zhang H W，et al. High-Q microwave dielectric properties of $Li(Zn_{0.95}Co_{0.05})_{1.5}SiO_4$ ceramics for LTCC applications[J]. Ceramics International，2017，43：7636-7640.

[6]Du X Y，Su H，Zhang H W，et al. Phase evolution and microwave dielectric properties of ceramics with nominal composition $Li_2x(Zn_{0.95}Co_{0.05})_{2-x}SiO_4$ for LTCC applications[J]. RSC Adv.，2017，7：27415-27421.

[7]宛德福，马兴隆. 磁性物理与器件[M]. 成都：电子科技大学出版社，1994.

[8]黄永杰. 磁性材料[M]. 北京：电子工业出版社，1994.

[9]李标荣，王筱珍，张绪礼. 无机电介质[M]. 武汉：华中理工大学出版社，1995.

[10]李标荣. 电子陶瓷工艺原理[M]. 武汉：华中工学院出版社，1986.

[11]陈晓勇，蔡苇，符春林. 锆钛酸钡(BZT)陶瓷制备及其介电性能的研究进展[J]. 陶瓷学报，2009，30(02)：257-263.

[12]理查德. J. 布鲁克. 陶瓷工艺[M]. 北京：科学出版社，1999.

[13]黄运添. 电子材料与工艺[M]. 西安：西安交通大学出版社，1990.

[14]殷庆瑞，祝炳和. 功能陶瓷的显微结构、性能与制备技术[M]. 北京，冶金工业出版社，2005.

[15]祝炳和，姚尧，赵梅瑜，等. PTC 陶瓷制造工艺与性质[M]. 上海：上海大学出版社，2001.

[16]钟彩霞. 热敏电阻实用技术(PTC 篇)[M]. 成都：成都科技大学出版社，1994.

[17]Jia L J，Zhao Y P，Xie F, et al. Composition，microstructures and ferrimagnetic properties of Bi-modified LiZnTiMn ferrites for LTCC application[J]. AIP Advances，2016，6：056214.

附录1　行星式球磨机的简要使用说明

QM 系列行星式球磨机是在一大盘上装有四只球磨罐，当大盘旋转时(公转)带动球磨罐绕自己的转轴旋转(自转)。从而形成行星运动。公转与自转的传动比为1∶2(公转一转，自转两转)。罐内磨球和磨料在公转与自转两个离心力的作用下相互碰撞、粉碎、研磨、混合试验样品。

操作步骤：

(1)球磨机接上交流单相220V电源。

(2)打开电源开关，LED即显示“P.OFF”，几秒钟后闪烁显示“50.00”，频率指示灯亮。

(3)按菜单选择切换键 MENU/ESC，LED显示功能码“Cd01”；按功能选择存储键 ENTER/DATA，LED即显示功能码“Cd01”的当前值，如需更改可按▲或▼至所需的设定值，设定后再按一次 ENTER/DATA 键，所设定的值被确认并存储，同时显示下一功能码“Cd02”，根据球磨工艺需要逐一设定各功能码，见附表。

附表　变频器功能码表

功能码	功能说明	设定范围	出厂值	参考值
Cd01	电动机极数	02～14	04	04
Cd02	运行方式 说明：“0”单向运行；“1”交替运行	0～1	0	1
Cd03	运行定时控制 说明：“0”不定时(连续)，“1”定时	0～1	0	1
Cd04	交替运行时间设定 说明：以小时为单位	0.1～50.0	0.5	0.5
Cd05	上限频率 说明：以赫兹为单位	0.01～50	45	45
Cd06	下限频率 说明：以赫兹为单位	0～50	1	1
Cd07	加速时间 说明：以秒为单位，从启动0.5Hz到50Hz的时间	0.1～3600	10	10

续表

功能码	功能说明	设定范围	出厂值	参考值
Cd08	减速时间 说明：以秒为单位，从启动 0.5Hz 到 50Hz 的时间	0.1～3600	15	15
Cd09	被拖动系数传动比设定	0.10～200.00	0.43	0.43
Cd10	显示方式 说明："0"上电显示频率，"1"上电显示转速	0～1	0	1
Cd11	运行方式 说明："0"正转"1"反转	0～1	0	0
Cd12	定时运行时间 说明：以小时为单位	0.1～100.0	0.1	设定
Cd13	电流显示校正 说明：以安培为单位	0.1～10	9	9
Cd14	交替运行间隔停机时间 说明：以小时为单位，正反转交替间隔时间	0.0～100.0	0.1	0
Cd15	运行间隔停机时间 说明：以小时为单位，单向运行时循环启动时间	0.1～100.0	0.1	0.1
Cd16	运行重启次数	0～100	0	设定-1

(4) 将装有磨料、磨球的球磨罐装上球磨机。安装好后利用两个加力套管先拧紧 V 型螺栓，然后拧紧锁紧螺母，以防球磨时磨罐松动。

(5) 盖上保护罩。

(6) 按 MEMU/ESC 键，显示器闪烁显示。

(7) 按 RUN 键，球磨机开始运行。

(8) 球磨 t 小时后自动停机。

(9) 球磨完毕，用加力套管先松开锁紧螺母，再松开 V 型螺栓即可卸下球磨罐，把试样和磨球同时倒入筛子内，使球和磨料分离。

(10) 洗球后关机切断电源。

注意事项

(1) 球磨前磨料粒度要求直径一般小于 3mm，装料不超过罐容积的四分之三(包括磨球)。

(2) 装球磨罐，球磨机一次可同时装入四个球磨罐，亦可对称安装两个，不允许只装一个或三个。安装好后利用两个加力套管先拧紧 V 型螺栓，然后拧紧锁紧螺母，以防球磨时磨罐松动。拧螺栓、螺母时不允许用锤敲击。

(3) 球磨过程中如遇意外，保护罩松动或脱落，安全开关断开，球磨机立即停转，意外排除后重新罩上保护罩，再重新启动。

附录 2　硅钼棒高温电炉简要操作说明

SX-7.7-17 高温电炉采用优质二硅化钼发热元件和高性能氧化铝定型砖形成高温、高效的电热区间，电炉在氧化性气氛中使用，常用温度为 1600℃，最高温度 1650℃。

操作步骤：

(1) 顺时针转动电气钥匙。红色指示灯亮起，控制柜受电准备工作。此时 AI 仪表的“OUT”指示灯为熄灭态，“PV”窗口显示当前电炉温度。“SV”窗口交替显示“STOP”字符和程序起始点温度。TCW 仪表的“RUN”指示灯为熄灭态，“PV”和“SV”窗口显示均为“0”，处于停止状态。

(2) 按动红色按钮，红色指示灯熄灭，绿色工作指示灯点亮，主回路受电工作。

(3) 按住←键，待 PV 显示“HIAL”时，仪表进入参数设置状态。此时配合使用∧ ∨ <键就可以方便地写入多个控制参数的数值，依次按动←键，就能把所有的参数分别逐个写入。按键停止操作 30s 后仪表自行回到停止准备状态。注意未经许可请勿随意更改设备参数设置。

仪表已经写入的控制参数为：

```
HIAL=1650    SC=0
HOAL=300(500)  OPI=1，(8)
DHAL=50   OPL=40
DLAL=50   OPH=95
DF=0.5   ALP=16
CTRL=3   CF=18
M50=400   ADDR=0
P=8   BAUd=2400
T=18   dL=5
CTL=10   RUN=11
SN=6   LOC=808
```

DIP=0　EPI=NONE
DIL=0　EP2=NONE
DIH=9999　EP8=NONE

(4) 将[<]键待仪表[PV]显示“C01”时，仪表进入程序设置状态，此时配合使用[∧] [∨] [<]键，写入程序设置参数，依次按动[←]键，就能把程序编排所需的数值（即第一点温度，第一段点时间，第二点温度，第二段点时间……）按试验需要分别写入。实现一个从 200℃开始，1h 后线性升温至 500℃，保温半小时后自动关炉的试验升温曲线，需写入的程序数值为：

C01=200　T01=60　（从 200 °C 开始，60min 升至 500 °C）
C02=500　T02=30　（在 500 °C 处保温 30min）
C03=500　T03=-121　（-121 是关炉停止的专用字符）

程序设置停止按键操作后自行回复到停止准备状态。

(5) 将需要煅烧的粉料或块体试样装入匣钵放进烧结炉中央位置。

(6) 按下 AI 仪表上的自动运行键[RUN/HOLD]，使“SV”窗口出现“RUN”字符，“OUT”指示灯点亮[MA]表上显示输出数值。按下 TCW 仪表的“RUN”键，使“RUN”指示灯点亮，“PV”窗口显示自动控制输出，[V]表、[A]表显示控制电路的自动程序工作状态。运行启动后，电炉即按设定的参数和程序开始全过程的自动控制，[PV]显示实际温度，[SV]显示理论温度，升温、保温过程结束时，自动关炉停止。

(7) 在程序运行状态，按住[HOLD]键，程序进入等待状态，再按[HOLD]键，程序恢复运行状态。

(8) 待炉温降至 100℃左右打开炉门取出物料，关闭电源。

注意事项

最好在 100℃左右打开炉门取出物料，以防快冷引起炉膛开裂。

附录 3　TH2828 LCR 数字电桥简易使用说明

(1) 将测量夹具装在 LCR 数字电桥上，把 LCR 数字电桥的电源插头插入插座，打开 LCR 数字电桥的 POWER 开关。开机预热 30min。

(2) 开路校正：按 SETUP 键，按用户较正软键，将光标移到开路，按 ON 软键，将下方频率设为“OFF”，按开路全频清软键。校正开始，约 75s 后屏幕左下角显示校正成功。

(3) 短路校正：按 ON 软键，将下方频率设为“OFF”，将测试夹具用短路片短路，按短路全频清软键。校正开始，约 75s 后屏幕左下角显示校正成功。

(4) 按 SETUP，进入元件测量设置界面，用光标移动键将光标移至功能区域，依次选择“更多 1/6”“更多 2/6”……“更多 6/6”。选择需要的测量参数。

(5) 频率调节：用光标移动键将光标移至频率区域。频率输入有三种方式：第一种，数字键+ENTER（默认单位为 Hz），如需输入 10kHz，则先输入 10000(在屏幕左下角显示 10000)，然后按 ENTER 键。第二种，数字键+软键(通过软键选择需要单位)。如需输入 10kHz，则先输入 10(在屏幕左下角显示 10)，然后按 kHz 软键。第三种，通过屏幕右侧箭头软键进行调节频率大小。

(6) 电平调节：将光标移至电平区域，电平输入有三种方式，同第(5)步中方法。默认单位为 V。

(7) 量程调节：将光标移至量程区域，按 AUTO 软键。

(8) 偏置调节：将光标移至偏置区域，调节方法同第(5)步。如果进行偏置测量，则必须按偏置键使偏置开，这时屏幕左下角会显示偏置开，屏幕右下角会出现电池形状图标。再次按偏置键，则会在屏幕左下角显示偏置关。偏置方式分为电压偏置和电流偏置两种。偏置电流 0～100mA，偏置电压 0～40V。

(9) 速度调节：将光标移速度区域，用软键选择“SLOW”，以保证测量准确性。

(10) 内阻调节：将光标移至内阻区域，用软键选择所需要的内阻。如选择 100Ω。

(11) 参数设置完毕后按 LCRZ 键，进入元件测量显示界面。

(12) 将待测样品接入夹具，则测量结果显示在屏幕上。

(13) 为便于测量，可进行列表设置，本机最多可设 10 个扫描点。

(14) 列表设置：按 SETUP 键，按列表设置软键，进入列表扫描设置界面。

将光标移至方式区域，用软键选择所需方式。将光标移至方式下方，可进行扫描的参数列在屏幕右边，可用软键进行选择需要扫描的参数。然后将光标下移一行，进行扫描点设置，参照第(5)步进行输入扫描点。将光标右移一位，可用软键进行 LMT 选择，如选择 A。上限输入 1.1，下限输入 1.2。

(15)扫描列表：列表设置完后，将待测样品接入测量夹具中，按 LCRZ 键，用软键选择屏幕右侧的列表扫描。此时会进入测量结果显示界面，记录测量结果。

(16)关机：测量完毕后按返回测量界面，关闭 POWER 开关，将 LCR 数字电桥的电源插头从插座拔出。